妙哉！

PPT 就该 这么学

陈婉君 编著

清华大学出版社

北　京

内 容 简 介

本书使用PowerPoint 2013软件写作,全面介绍各种实用技巧。全书共9章,包括PPT必要技能、PPT整体设计、PPT版面设计、PPT颜色浅探、PPT文本处理技巧、图形与SmartArt图表优化设计、图表设计、眩目动画的实现以及PPT辅助技能等内容。

本书结构合理,内容新颖实用,是广大职场办公人员提高PPT制作技能绝对不容错过的首选图书。

图书在版编目(CIP)数据

妙哉!PPT就该这么学 / 陈婉君编著. -- 北京:清华大学出版社,2015
ISBN 978-7-302-39972-8

Ⅰ.①妙… Ⅱ.①陈… Ⅲ.①图形软件 Ⅳ.①TP391.41

中国版本图书馆CIP数据核字(2015)第087778号

责任编辑: 袁金敏
封面设计: 刘新新
责任校对: 胡伟民
责任印制: 沈 露

出版发行: 清华大学出版社
  网   址: http://www.tup.com.cn, http://www.wqbook.com
  地   址: 北京清华大学学研大厦A座   **邮   编:** 100084
  社 总 机: 010-62770175   **邮   购:** 010-62786544
  投稿与读者服务: 010-62776969,c-service@tup.tsinghua.edu.cn
  质量反馈: 010-62772015,zhiliang@tup.tsinghua.edu.cn

印 装 者: 北京嘉实印刷有限公司
经   销: 全国新华书店
开   本: 185mm×260mm   **印   张:** 11.75   **字   数:** 300千字
版   次: 2015年6月第1版   **印   次:** 2015年6月第1次印刷
印   数: 1~3500
定   价: 49.00元

产品编号: 060374-01

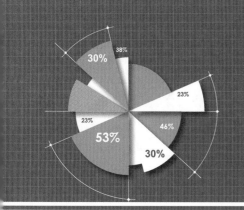

前言

PPT Learning Skill

当今社会，无论是大大小小的公司企业、学校和培训机构、还是国家党政机关，都离不开幻灯片的使用。它被广泛应用于各类会议报告、产品推广、职工培训、教育教学、公司形象宣传、数据说明等各个领域。在各种各样的会议或者培训过程中，PPT 的演示作用绝对不可小觑。因此，制作一个清晰、简洁、大方、美观的 PPT 作品已经成为每位办公人员必备的技能。

然而，很多用户却仅仅靠简单的模板套用，或者内容的堆积便匆忙完成一个作品，或者根本不懂如何去设计 PPT，这样制作出来的作品肯定达不到预期的效果，有时甚至会失去很多客户，得不到领导的赏识。实际上，掌握一个好的学习方法，想要制作一个好的 PPT 作品并不难。为了能够让广大办公人员快速制作出称心如意的作品，笔者特意编写了本书。

如果您还是一个靠着套用现成模板来制作 PPT 的办公人员；

如果您对色彩和构图的概念一无所知；

如果您还对 PPT 的作用没有足够的认识；

如果您还在为制作不出让领导满意的 PPT 而发愁；

那么，本书将是您最好的选择！

本书使用 PowerPoint 2013 版本进行写作，作为专业的 PPT 制作软件，PowerPoint 软件的操作并不复杂，因此本书对基础的知识讲解并不是很多，而更多的是一些技巧的实现、经验的分享以及实例的演示。通过这样的介绍，可以使读者在不知不觉中领略 PPT 的魅力。

本书主要针对有一定 PPT 基础的读者编写，主要包括 PPT 必要技能浅谈、PPT 整体设计、版面设计、颜色浅探、文本的处理技巧、图形与SmartArt图表优化设计、精彩图表的制作、眩目动画的实现、PPT辅助技能等。可谓是每章都有亮点，每章都有收获！

本书由陈婉君编写，参与本书编写工作的还有曹培培、胡文华、尚峰、蒋燕燕、张悦、李凤云、薛峰、张石磊、唐龙、王雪丽、张旭、伏银恋、张班班、张丽、蔡大庆、孙蕊等人，在此表示——感谢。

特别感谢"布衣公子"老师的无私奉献，给予了本书大量的素材作品，并将其多年的经验毫无保留地奉献给大家！

特别感谢CandiesH_PPT工作室的伙伴们，在编写过程中给予的鼓励与支持！

当然，虽然笔者在写作的过程中力求完美、精益求精，但仍难免有不足和疏漏之处，恳请广大读者予以指正。如果您在阅读本书的过程中，或者今后的办公中遇到什么问题或者困难，欢迎加入本书读者交流群（QQ1群：200167566和QQ2群330800646）与笔者取得联系，或者与其他读者相互交流。

目 录 CONTENTS

PPT 颜色浅探

05

PPT 文本处理技巧

06

**图形与 SmartArt
图表优化设计**

图表从此与众不同

眩目动画的实现

PPT 辅助技能

01

PPT 必要技能浅谈

PPT 的运用越来越广泛，不仅教学课件、工作汇报、产品展示、项目介绍、活动宣传需要用 PPT，而且一些简单的平面设计、动画制作甚至电子杂志都可以通过 PPT 来实现。那么，在整个 PPT 设计的过程中都要用到哪些技能，要注意哪些事项呢？

本章对 PPT 制作的主要技能做一个概述，主要包括以下内容：

逻辑与展示 版面设计 素材选择 字体与颜色 动画运用

1.1 良好的逻辑与展示能力

一个好的 PPT 文稿首先要结构清晰、逻辑合理，如果内容繁琐无序，即使页面再华丽也达不到预期的效果。只有逻辑清晰才能让观众看懂作者的思想。

1.1.1 "大纲设计"让结构层次清晰合理

PPT 仅是一种辅助表达的工具，其目的是让 PPT 的观众能够快速地抓住表达的要点和重点。

因此，好的 PPT 一定要思路清晰、逻辑明确、重点突出、观点鲜明。这是最基本的要求。如果要达到以上要求，首先在 PPT 的构思阶段，就要先拟好大纲，设计好内容的逻辑结构。如果由现成的文字内容转制 PPT，则要对文字进行提炼，使之精简化、层次化、框架化。如图 1-1 所示，一个清晰的目录页可以让观众迅速了解 PPT 的主要内容。

图 1-1　清晰的大纲

1.1.2 模板设计展现整体美

开始 PPT 设计时，不要着急做每一页的内容，而是要从整体去规划，做好模板的设计。具体可以按照下面的方法实施。

第一步，先设计 PPT 的几个关键页面。关键页面包括：封面、目录页、过渡页、正文页、封底，如图 1-2～图 1-6 所示是人际关系宝典中的几个关键页面。

图 1-2　封面

图 1-3　目录页

图 1-4 过渡页　　　　　　　　　　　　　图 1-5　正文页

图 1-6　封底

第二步，设计正文页的一级标题、二级标题、三级标题等。

每一个内容页，都有明确的一级标题、二级标题甚至三级标题，仿佛网站的导航条一般，这样就可以让 PPT 观众能够随时了解当前内容在整个 PPT 中的位置，仿佛给 PPT 的每一页都安装了一个 GPS，观众就能牢牢地跟上 PPT 表述者的思路了，各标题的表述如图 1-7 所示。

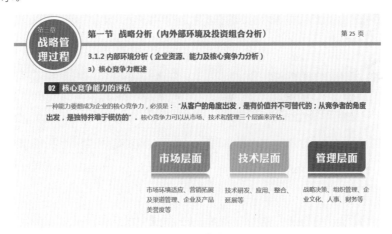

图 1-7　内容页

◇　一级标题：第三章战略管理过程

◇　二级标题：战略分析（内外部环境及投资组合分析）

◇　三级标题：内部环境分析（企业资源、能力及核心竞争力分析）

1.1.3 通过"颜色"体现逻辑结构

颜色和逻辑的展示可以通过设置不同的主题颜色来区分不同的章节，这样更方便观众对 PPT 内容进度的准确把握。

图 1-8 ～图 1-13 展示了一个 PPT 中三个过渡页以及相应的章节分别运用不同颜色的主题加以区分，使整个 PPT 逻辑清晰，便于观众及时把握内容构架。

图 1-8　橘色主题展示第一章过渡页

图 1-9　第一章正文内容主题颜色同为橘色

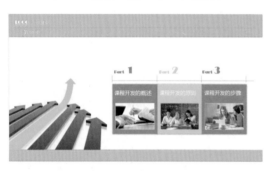

图 1-10　绿色主题展示第二章过渡页

图 1-11　第二章正文页面的主题颜色为绿色

图 1-12　蓝色主题展示第三章过渡页

图 1-13　第三章正文页面的主题颜色为蓝色

1.1.4 利用"动画"进行动感层次划分

在 PPT 中，利用不同的动画和切换效果也可以展现 PPT 的逻辑关系，比如，通过母版实现局部切换的动画方式，就可以很好地区分 PPT 的逻辑并列、包含等关系。如图 1-14 所示，就选择了平移的切换方式。

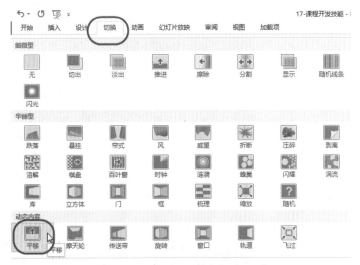

图 1-14　页面切换方式选择"平移"

1.2 不断培养"版面设计"能力

　　版面设计是设计 PPT 最重要的要素之一。一个 PPT 如果目录页表现乏味、过渡页毫无设计感、正文排版杂乱无章，即使内容再新颖丰富，也不会吸引观众的眼光，反而使观众产生极大的厌倦感。

1.2.1　重中之重的"目录设计"

　　目录页是通过明确的目录纲要来展现 PPT 的主要内容，这个可以有，而且是必须有！图 1-15 ～图 1-17 均为不同风格的目录页，目录页风格的选择要和整个 PPT 风格一致。

　　如图 1-15 所示的传统型目录表现简单，没有过多花俏的设计，通过大色块背景也会使观众看着很舒服。

图 1-15　传统型目录页

如图 1-16 所示的图文型目录，图片运用合理、处理得当的目录页，通常要比纯文字内容更容易让观众接受，效果也会优于纯文本的目录。

图 1-16　图文型目录页

如图 1-17 所示的图表型目录要比前两种目录更有设计感，表现形式也可以更多样化，往往会带给观众耳目一新的感觉。

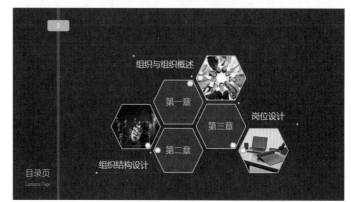

图 1-17　图表型目录页

1.2.2　不容忽视的"过渡设计"

通过章节之间的过渡页可以让观众快速了解当前 PPT 的内容进度，这个可以有，但常常被忽略。下面列举几种过渡页的类型供读者参考。

▶ 1．纯标题式过渡

这种过渡页只有本章标题，具有很强的针对性，能够明确告之接下来要讲述的内容。其优点是简洁大方，如图 1-18 所示。

图 1-18　纯标题式过渡页

▶ 2. 标题＋纲要式过渡

这类过渡页包含了本章大纲，起到了预告接下来要介绍的文稿主要内容的作用，如图1-19所示。相比第一种，展现的内容更加细致。不过使用这类过渡页时要注意，如果大纲的内容过多，则不宜采用此方式，过多的内容往往会给观众带来不耐烦的情绪。

图 1-19　标题＋纲要式过渡页

▶ 3. 颜色凸显式过渡

这类过渡页采用不同的颜色将接下来要演示的内容与其他部分区别出来，能够直观地展示出 PPT 的进度。此种过渡页也是比较常用的设计方法，如图1-20所示。

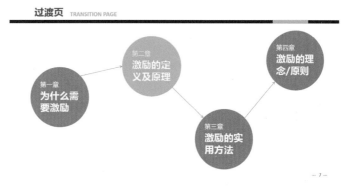

图 1-20　颜色凸显式过渡页

1.2.3　勤学巧练"正文排版"

对于正文的排版，同样有着非常多的讲究，随意堆放的版式注定是一个失败的PPT。比如标题的设计、图文的排列方式等，都有相关的规则和技巧，下面一一讲述。

▶ 1. 局部标题设计

局部标题指除一级标题、二级标题、三级标题等逻辑标题之外的各局部内容的标题，也可以称为子标题。主要分为简洁式标题、点缀式标题和背景式标题。

（1）简洁式标题：此种标题设计简单，常用于简洁设计的页面中，容易将观众的注意力集中于文字上，但往往缺少设计感，如图1-21所示。

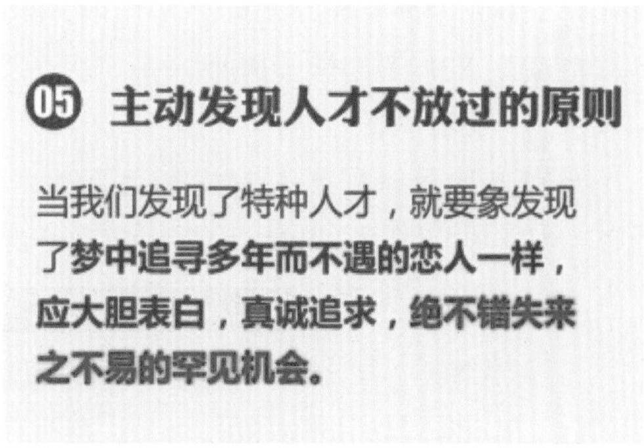

05 主动发现人才不放过的原则

当我们发现了特种人才，就要象发现了梦中追寻多年而不遇的恋人一样，应大胆表白，真诚追求，绝不错失来之不易的罕见机会。

图 1-21　简洁式标题

（2）点缀式标题：标题下方的直线和矩形框将标题和图片区分开，增加了页面的设计感，在点缀页面的同时也使得标题更具有吸引力，如图1-22所示。

（3）背景式标题：用带有颜色的背景框衬托标题，使标题更醒目，而且根据 PPT 主题选择背景框的颜色，也使得页面更美观，如图 1-23 所示。

图 1-22　点缀式标题　　　　　　　　　　图 1-23　背景式标题

▶ 2. 图文排版

为了更好地辅助表达，PPT 设计中常采用大量图片、图表来增加信息量，或使信息更为直观。PPT 的版式设计，最难的是创意。

创意从何而来呢？通常的方法是：

◇ 在庞大的素材库中寻找灵感——采百家花，酿自己蜜。

◇ 在生活中随处去留意灵感——随时去发现美；比如各种海报、指示牌、店面门头设计都有可借鉴之处；笔者在逛街时，常常在一处精致的海报前驻足停留，然后拍下来。

◇ 在浩瀚的互联网中去探寻灵感——素材无穷无尽，创意千变万化。互联网时代的学习和创新的便利是任何时代都无法比拟的，我们怎能不好好利用互联网呢？

◇ 请朋友给予点评或建议，在朋友的互动中激发灵感——思维碰撞出火花。

如果觉得自己创新太麻烦，也可以先从别人的作品中模仿开始。以下为推荐板式：

（1）单图排版

单图排版可以采用左右式和上下式两种，如图 1-24 所示的左右式排版方式是比较常用的一种，突出图片的同时也加强文字的表现力，文字内容适中时常选用此种排版方式。

图 1-24　单图排版（左右式）

如图 1-25 所示，上下式排版方式主要适用于大图的排版，且文字内容较少，整个页面中图片是最抢眼的部分，大大增强了图片的渲染力。

图 1-25　单图排版（上下式）

（2）多图排版

对于多图的排版方式，可以采用对称式、并列式以及艺术化等多种方式。

如图 1-26 所示的对称式排版，图片和图片的对称使页面看起来更规整有序，也更容易让观众接受，需要注意的是两张图片的主颜色要一致，否则颜色相差太大，并列放在一个页面中会显得非常突兀。

图 1-26　多图排版（对称式）

并列式排版方式一般适用于小图排版，在这种排版中，通常是图片大小相同，风格一致。如图 1-27 中页面上方的点缀背景框的运用也使图片看上去更柔和一些，图片很协调地融入到页面中。

图 1-27　多图排版（并列式）

另外，将图像通过一定的艺术化处理进行结合，丰富的表现形式使画面非常美观时尚，同时也更能吸引观众的注意力，如图 1-28 所示。

图 1-28　多图排版（艺术化）

（3）图表排版

对于图表的排版，同样有多种方式，这里简要介绍横向和居中辐射两种。

图表的横向排列是比较常见的排列方式，在传达页面内容的同时也能保证页面的规整，如图 1-29 所示。

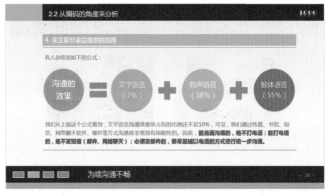

图 1-29　图表排版（横向）

居中辐射的排版方式主要用于环形图表，以及周围有一些必要的文字叙述，以图表为焦点，思维向四周的文字发散，视觉上给观众舒服的感觉，如图 1-30 所示。另外，相应的文字叙述字数应大体相同，否则容易造成头重脚轻的感觉，破坏页面的整体美。

图 1-30　居中辐射

▶ 3. 纯文字排版

文字太多的时候，或者文字少却没有图片资源的时候，或者需要"留白"艺术处理的时候，这时需要纯文字排版，文字的吸引力远没有图片给读者的吸引力大，给观众的渲染力也没有图片强烈，这就决定了纯文字排版要比图文排版更难一些。

对于文字较少的页面排版，通过对字体和字号的设置、字体颜色的设置或者添加彩色背景框来突出文字的重点，让观众在最短的时间里了解作者要表达的内容，如图1-31所示。纯文字的页面也可以像一幅彩色图片，给观众带来很大的吸引力，但颜色以主题色为准，千万不可使用多种颜色，否则页面会显得杂乱无章。

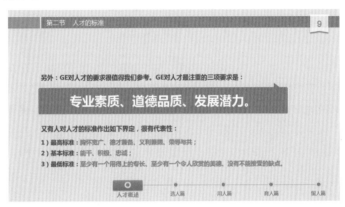

图1-31　字少的排版

如果页面中的文字过多，排版要比字少的页面更难一些，稍稍松懈就会使页面的美观度大大折扣，通过背景框的运用，点缀模块的绘制都可以使纯文本页面在感官上更容易让观众接受，如图1-32所示。对于本案例，典故内容用灰色背景框，加上绿色矩形点缀，读后感用绿色背景框，使整个页面非常美观时尚。

图1-32　字多的排版

接下来讲述留白在文字排版中的作用，所谓留白就是在作品中留下相应的空白。在传统的绘画领域留白是一种极高境界，讲究着墨疏淡，空白广阔，以留取空白构造空灵韵味，给人以美的享受。留白在设计领域应用非常广泛，正所谓方寸之地亦显天地之宽。留白讲究的是，既有热情又掌控热情。若热情过度，势必烧灼美的空间，如图1-33所示。

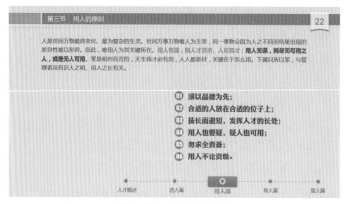

图 1-33　留白艺术排版

▶ 4. 排列设计

　　页面元素的排列在 PPT 设计中也是非常重要的一环，一个优秀的 PPT 在排列设计上也是非常考究的。好的排列格式更易于读者接受，一个好的设计师在进行元素排列时，总会做到多而不乱，少而不散。设计者也可以根据 PPT 菜单栏中的"对齐"命令完成对文字或图片的快速准确的对齐。排列方式可大致分为如下三种，如图 1-34 ～图 1-36 所示。

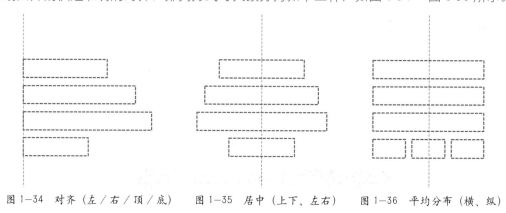

图 1-34　对齐（左／右／顶／底）　　　图 1-35　居中（上下、左右）　　　图 1-36　平均分布（横、纵）

1.3　学会精挑细选好素材

　　PPT 不仅仅在于表达文字内容，更多的是一种美的展示，能让观众感受到美的存在。所以图片图表的选用也就尤为重要。本小节主要讲解如何选择图片图表，以及相关的编辑和优化，让我们制作的 PPT 有血有肉。

1.3.1 图片选择也有技巧

"巧妇难为无米之炊"，能否拥有一个"好又多"的素材库是快速制作一个赏心悦目PPT 的关键，这些素材来自于哪里呢？浩瀚的互联网为我们提供了巨大的素材仓库，比如：

锐普 PPT 论坛：http://www.rapidbbs.cn/

站长网 PPT 资源：http://sc.chinaz.com/ppt/

站长网高清图片：http://sc.chinaz.com/tupian/

淘图网：http://www.taopic.com/

我喜欢网：http://www.woxihuan.com/

另外还有百度与谷歌图片搜索、新浪微盘与百度文库等文档分享平台下载等等。

在选择图片时，要遵循以下原则。

（1）高清的原则。

高清图片往往能给人赏心悦目的视觉感受，相反，如果运用一张分辨率不高的图片，会给人强烈的疲劳感。如今网络这么强大，高清图片取之不尽、用之不竭。

（2）与内容相关的原则。

PPT 制作中，选择的图片要与内容表达的主题一致，便于读者对文字的理解。如图 1-37 所示，如果在介绍虎的时候配上一幅风景图片在上面，显然不如直接配上一只虎。

图 1-37　图文相关

（3）充满时代感的原则。

比如各种电子用品、汽车、甚至穿衣打扮等。如图 1-38 所示，整幅图片就具有很强的时代气息，画面动感十足。

图 1-38　图片充满时代感

（4）与正文协调一致原则。

图片与版面浑然一体，不突兀。如图 1-39 所示，是介绍影响压力强度因素的内容，右侧的两幅配图与正文就非常吻合。

图 1-39　图片与正文协调一致

 ## 1.3.2　用心做好图片编辑

很多时候，我们获取的图片并不一定能满足 PPT 的需求，这就需要对图片进行相应的编辑，下面我们来简要介绍几种图片的编辑方法。

▶ 1. 图片的剪裁

在制作 PPT 时，经常需要根据 PPT 的风格对插入的图片进行剪裁，即在选中图片后，单击"格式"菜单栏中"大小"选项组中的"裁剪"按钮下方的下拉箭头，在下拉菜单中选择合适的裁剪方式，如图 1-40 所示。剪裁后的边缘可以用压缩图片删除。

图 1-40　裁剪工具

除了正常的裁剪之外，还可以将图像裁剪为几何图形，按纵横比裁剪等，有兴趣的朋友可以多练习一些相关的操作，如

图 1-41 和图 1-42 所示分别是裁剪为对角圆角矩形效果和纵横比（16 ： 9）效果。

图 1-41　裁剪为对角圆角矩形

图 1-42　纵横比裁剪（16:9）

▶ 2. 图片的压缩

裁剪后再进行图片压缩就可以删除已裁剪的部分。

双击图片，单击"格式"菜单栏中"调整"选项组中的"压缩图片"按钮，在弹出的"压缩图片"对话框中可以对图片进行压缩处理，如图 1-43 和 1-44 所示。

图 1-43　选择压缩图片命令　　　　　　　　　图 1-44　压缩图片对话框

▶ 3. 设置不同的图片风格

右击图片，在弹出的快捷菜单中选择"设置图片格式"菜单项，在弹出的"设置图片格式"窗格中可以对图片设置相框、阴影、映像、三维等多种不同风格的艺术效果。

可以为图片设置不同颜色不同宽度的相框，要比没有任何效果的图片样式更丰富，也能更好地融入到 PPT 页面中，如图 1-45 和图 1-46 所示。

图 1-45　添加相框前　　　　　　　　　　图 1-46　添加相框后

阴影的设置又分为外部阴影、内部阴影和透视，阴影种类和方向的选择应视 PPT 制作要求来设置，其中"外部 - 右下斜偏移"是较常用的阴影方式。阴影的应用使图片活跃了起来，也使页面看上去更美观时尚。如图 1-47 和图 1-48 为设置阴影前后的对比效果。

图 1-47　设置阴影前　　　　　　　　　　图 1-48　设置阴影后

映像的应用也极大地丰富了图片的表现形式，使 PPT 页面像宣传海报一样美观。如图 1-49 和图 1-50 为设置映像前后的对比效果。

图 1-49　设置映像前　　　　　　　　　　图 1-50　设置映像后

图片的三维效果使图片具有了空间感，图片像立在上面一样，给观众的视觉冲击力也较其他效果更强烈。如图 1-51 和图 1-52 为设置三维效果的前后对比效果。

图 1-51　设置三维效果前　　　　　　　　图 1-52　设置三维效果后

▶ 4. PNG 图片的获取及使用

PNG 图片是一种背景透明的图片，使用 PNG 图片可以有一种和 PPT 版面浑然一体的感觉，如图 1-53 所示。另外，各种图标也都是 PNG 格式，这样才能保持不规则的形状。

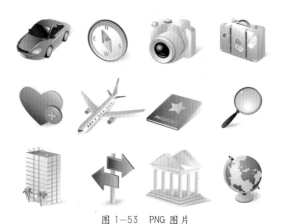

PNG 图片的来源有如下几种。

◇ 网络搜索；

◇ PS 抠图；

◇ AI 软件从矢量图中导出；

◇ PSD 文件导出。

图 1-53　PNG 图片

 1.3.3　恰当选择图表

制作 PPT 时，可以选择的图表类型包括：SmartArt 图表、网络图表和自行设计图表。

SmartArt 图表把图表设计和 PowerPoint 软件较好地结合起来，实现了智能化，让图表制作可以傻瓜式操作。其形式多样、种类繁多代表着未来的发展趋势，包括列表图、流程图、循环图、层次结构图等，也可以设置为不同的风格，PPT 制作者可以根据实际工作选用 SmartArt 图表，如图 1-54 所示为 SmartArt 图表的一种。

图 1-54　SmartArt 图表

网络图表往往是由专业设计师制作的，比一般图表的形式要美观，同时制作也比一般图表要复杂，如图 1-55 所示。从网上搬到我们的 PPT 中，省去了很多制作时间，还能让我们的 PPT 看起来更专业。然而网络图表的选用一定要恰到好处，不能一味追求专业性而盲目使用。

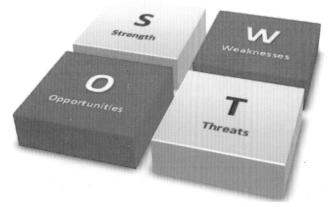

图 1-55　网络图表

SmartArt 图表和网络图表没有合适的选择时，PPT 制作者也可以选择自行设计图表。自行设计图表的好处是可以根据 PPT 制作的具体情况随意设计我们所需要的图表，利用不同形状的选用和变化，同样可以设计出非常美观的图表，自行设计的图表能够让图表和内容的结合更协调紧凑，图 1-56 为笔者自行设计的图表。

图 1-56　自行设计图表

1.3.4 细心做好图表优化

无论是 SmartArt 图表还是网络上的图表素材，其风格都是固定的，而 PPT 的设计风格是多变的，所以为了使固定的图表能更好地融入到不同风格的 PPT 中，需要对图表进行进一步的优化，以保持和 PPT 整体风格一致。图表的优化原则遵循以下五点：

◇ 颜色与 PPT 整体风格一致；

◇ 立体／平面风格要与 PPT 风格保持一致；

◇ 各个图表之间要保持风格一致；

◇ 符合逻辑（并列、递进、因果等）；

◇ 符合几何之美（对称的、对齐的、几何形状的）。

下面案例中选用的是一个 SmartArt 关系图表。通过对图表元素的增加和颜色的设置，为白色背景增添了一抹亮色，第一时间抓住观众的眼球，同时引线的选用也使内容排版更规整有序，如图 1-57 所示。

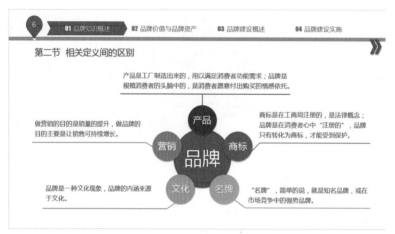

图 1-57　SmartArt 关系图表

图 1-58 中的案例选用的是一幅网络图表，不仅颜色和 PPT 主题颜色一致，形式上也很好地融入到 PPT 中，和页面浑然一体。

图 1-58　网络图表

1.4 灵活搭配字体与颜色

文字是 PPT 最基本也是最重要的元素之一，是决定一套 PPT 精美度的关键要素之一。

1.4.1 字体的选用及大小设置

字体是指文字的风格样式，PPT 软件中大约配备了几十种，我们经常用到的大约十几种，如"宋体、楷体、黑体、仿宋、幼圆、行楷、隶书、姚体、华文新魏、微软雅黑、Arial、Verdana、Times New Roman"等。例如标题可用黑体＋微软雅黑，内容可用微软雅黑（强调处加粗），正文字体的大小要不小于 18 号字体，标题和正文强调内容部分字体加大，如图 1-59 为部分字体字号对比。

12号	14号	18号	20号	24号
宋体	宋体	宋体	宋体	宋体
黑体	黑体	黑体	黑体	黑体
楷体	楷体	楷体	楷体	楷体
隶书	隶书	隶书	隶书	隶书
姚体	姚体	姚体	姚体	姚体
微软雅黑	微软雅黑	微软雅黑	微软雅黑	微软雅黑

图 1-59　字体字号样式

当 PPT 制作完成后，为了使其能在其他计算机中顺利播放，需要事先将相关字体嵌入到文件中，PPT 提供了两种字体嵌入选项：

◇ 不完全嵌入：仅嵌入演示文稿中使用的字体，文件比较小，在任何电脑中都能正常预览字体，但在缺乏其中某些字体的电脑上只能观看，无法编辑。

◇ 完全嵌入：嵌入所有字体，在任何电脑中都能正常观看和编辑，但文件会明显增大（通常会增大 10MB 以上），而且保存过程时间长。

建议平时在制作 PPT 过程中不要嵌入字体，当制作完毕准备交稿时再选择嵌入字体，如果对文件大小没有明确限制，就采用完全嵌入模式。可以通过在 PowerPoint 选项对话框中进行设置，如图 1-60 所示。

图 1-60　设置字体的嵌入

1.4.2　热门字体的推荐

字体对 PPT 的风格有很大的影响，有时改变几种字体，就会让整个 PPT 的风格焕然一新。下面推荐几种热门字体，如图 1-61 所示，读者可以参考选用，应用在 PPT 中会给观众带来耳目一新的感觉。需要注意的是在制作完 PPT 后要执行嵌入字体操作。

标题字体	正文字体/小标题
时尚中黑简体	方正正黑简体
方正正粗黑简体	方正正纤黑简体
方正正中黑简体	方正正准黑简体
方正粗活意简体	浪漫雅圆
文鼎霹雳体	张海山锐线体简

图 1-61　常用字体

1.4.3　颜色的选择及处理技巧

制作 PPT 是一个创造美的过程，美在版式、美在颜色。

整体风格色指封面颜色、封底颜色、母版标题颜色、强调色、图表色等。

主要方案有：整体单色系、逻辑单色（即不同章节不同色）、组合色（主色＋副色）。

正文颜色一般选用灰色，根据不同的背景选择不同的深浅。如果背景是深色，则正文选择白色。

对于强调文字部分颜色的选择，当强调正面观点时用主风格色；当强调反面观点时用红色或副色。如图1-62 所示的 PPT 中颜色的选择，背景为浅色，字体颜色为深灰色，强调字体为主题颜色橘色，反面观点用红色，强调内容字体加大。颜色搭配合理，内容中心突出。

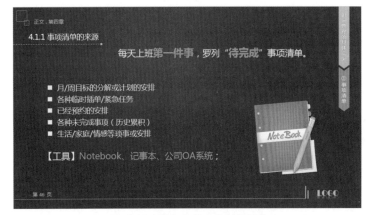

图 1-62　浅色背景文字颜色设置

如图 1-63 所示案例背景为深色，字体颜色为白色，强调字体为主题颜色橘色，强调内容字体加大，字体和颜色的结合让画面规整严谨。

图 1-63　深色背景文字颜色设置

1.5 驾驭动画的能力

动画的运用为打造 PPT 动态美起到关键的作用，实现和 Flash 一样的炫动效果，早已不是梦想。

（1）动画的运用原则：与逻辑或演讲思路一致，吸引观众的注意力，少而精，不能太花哨。

（2）动画内容切换的要点：用好母版，通过制作母版，在正文页中设置切换动画，即可实现 PPT 中动画的局部切换。

如图 1-64 所示为页面平移切换的动态图，通过母版的制作，实现了母版静止，内容切换的局部切换动画效果，使 PPT 的设计感更强烈。

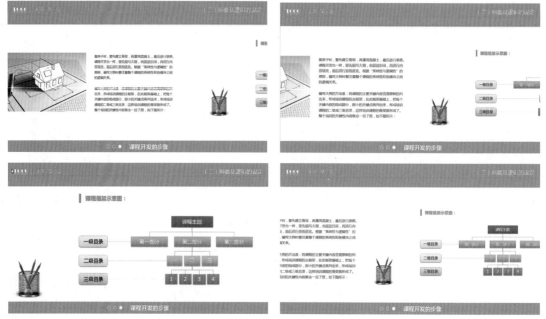

图 1-64　页面平稳切换效果

（3）动画体现逻辑的原则。

◇ 同类别的页面动画保持一致，如过渡页、体现正文不同层次的页面；

◇ 同级别或同一章节的动态内容切换动画保持一致。

（4）多对象的动画组合设计原则。

◇ 简单原则：简单才最有力量，最易于执行。

◇ 统一原则：以最少的标准去覆盖最大的范围，扩大标准的适应范围，减少不必要的重复或多样化。

◇ 协调原则：为保持标准系统的整体功能达到最佳，必须协调对接好系统内外关联因素之间的关系。

◇ 优化原则：一定要选择最优的表述方式，能量化的尽量量化，不能量化的尽量细化，不能细化的尽量流程化。

02

全局把握 PPT 整体设计

传统上 PPT 被认为是办公处理之类的工具，认为只要经过简单的排版就可以满足需求。随着整个社会审美标准的提升，这类观点正被越来越多的人抛弃。PPT，特别是对外 PPT，正成为公司形象识别系统的重要组成部分，代表着一个公司的脸面，设计，正成为 PPT 制作的核心技能之一，也是评定 PPT 水准高低的基本要素。

本章将从 PPT 整体设计上做些概述，主要包括以下内容：

封面设计　　封底设计　　目录页设计　　过渡页设计　　标题栏设计

做好"面子工程"

一个设计精美的 PPT 最少可以起到以下作用。

◇ 让观众赏心悦目：让观众能看到美、感受美。

◇ 让观众产生好感：漂亮的 PPT 自然能让观众多看几眼。

◇ 赢得观众的信任：一个设计精美、认真、养眼的 PPT，其内容的含金量自然也更高。

◇ 赢得成功的机会：PPT 内容的好坏难以评定，但形式的优劣却能直观看出，喜欢而又让人信任的方案自然是领导和客户的首选。

2.1.1 封面要表达的内容

第一印象非常重要，一开始就要将 PPT 所要讲的内容主题传达给观众，往往需要在首页中标识出一个副标题，以及公司的 LOGO 和作者姓名，如图 2-1 所示。

图 2-1 封面要表达的内容

2.1.2 注意封面的设计要点

PPT 封面在整个 PPT 中有着举足轻重的作用，一个精美且有足够吸引力的封面会为演讲带来意想不到的助推力，如图 2-2 所示。就像人的脸面一样，长得漂亮的总是会吸引更多的眼球。

一般商务用 PPT，都有公司统一的封面 / 封底格式，这种类型的 PPT 不需要设计封面 / 封底。有的公司甚至对 PPT 的标题栏、图表、动画、字体、颜色等都有统一的要求，这样就免去了整体设计环节，只需要设计内容版面就好了，但这样往往也限制了我们的创新思维。

◇ 封面的设计要素：图片 / 图形 / 图标 + 文字 / 艺术字；

◇ 设计要求简约、大方，突出主标题，弱化副标题和作者 ID，高端水平还要求有设计感或艺术感；

◇ 图片内容要尽可能和主题相关或者接近，避免毫无关联的引用；

◇ 封面图片的颜色也尽量和 PPT 整体风格的颜色保持一致；

◇ 封面是一个独立的页面，可在母版中设计（如母版有统一的风格页面，可在其对应的母版页覆盖一个背景框）。

图 2-2　封面设计

2.1.3　各种类型的封面举例

封面的类型可以有若干种，不同的设计人员所设计出来的封面风格都会有所不同，下面介绍几种常用类型的封面。

▶ 1. 简单图文型

一张足以诠释主题的图片往往胜过许许多多的设计风格和理念，如图 2-3 中采用的图片，图片中正在接受用人单位面试的职业女性成为整个页面的焦点，使简洁的页面显得更有张力，并富有新意。

图 2-3　简单图文型

▶ 2.多图型设计

个性的图片会成为整个封面最具特色的设计点，采用多个图片的组合，会使得页面色彩更加丰富，形式显得更加活泼。另外，多个图像的组合，也会在一定程度上体现内容的结构和层次，如图 2-4 所示。

图 2-4　多图型设计

▶ 3.设计感风范

使用个性的图片，以及不同图形的组合设计，会使得页面更加新颖，设计感十足。如图 2-5 所示的封面，主题为员工招聘，配图使用了一个放大镜在人群中找人的效果图。不仅与主题相符，更体现了设计者的智慧。

图 2-5　设计感风范

2.1.4　封面设计的灵感来源

设计的灵感可以来源于大自然的色彩、画册的封面、网页、几何图案、文字笔画等等，要把好的素材合理地运用到 PPT 封面当中，需要不断积累、不断尝试的过程。平时多留意一些比较具有美感的图片或者照片，在需要的时候可以从中抽取几张，加以修饰，便可以制作出一张比较有新意的封面。

对于一个新手或者经验不足的设计者来说，模仿加上微创新，往往是上上策，比如根据图 2-6 产生的灵感而设计的如图 2-7 所示的封面效果。这比绞尽脑汁创作出来的干涩封面来说，是不是更加容易？更何况也避免了不和谐的封面出现的几率。笔者一般推荐的做法是：

◇ 模仿 + 微创新；

◇ 查阅大量素材，激发灵感。

图 2-6 中，设置透明度的矩形框和文字的搭配，使封面更有层次感。

图 2-6　设计灵感来源

图 2-7　封面制作效果

做好精彩的谢幕

精彩的演说不可有头无尾，有一个完整的结局也很关键。一个好的 PPT 要做到有始有终，谢幕同样要做到精彩。下面讲述在设计封底时都有哪些技巧需要掌握。

2.2.1 封底要表达的内容

封底可以对工作团队表示感谢，放一些带有鼓励性质的文字，可以写一些表达美好祝愿的话语，如图 2-8 所示。还可以根据文稿的内容，用一首诗，或是一些名人名言作为结束语。语句可以很正式，也可以很幽默。在封底再次注明 PPT 主题，能起到总结全文、加深印象的作用。

图 2-8　封底要表达的内容

2.2.2 注意封底的设计要点

一般人可能会忽略封底的设计，因为封底毕竟只是表达感谢和显示文稿结束的作用，对整个 PPT 制作没有太大的影响。但是，如果我们要让自己的 PPT 在整体上形成一个统一的风格，就需要专门针对每一个 PPT 设计封底。

　◇ 封底的设计要和封面保持不同，避免给人偷懒的感觉；

　◇ 封底的设计在颜色、字体、布局等方面要和封面保持一致；

　◇ 封底的图片（非作者照片）同样需要和 PPT 主题保持一致，或选择表达致谢的图片；

　◇ 如果觉得设计封底太麻烦，可以为自己精心设计一个通用的封底（如图 2-9 所示）。

图 2-9 通用封底

2.2.3 各种类型的封底举例

下面来看看几种类型的封底。

（1）左右图文型

顾名思义，就是采用左图右文，或者左文右图的方式制作封底。如图 2-10 所示的封底设计，大幅的图片可以使观众的视觉得到该有的休息，右侧的白色文本在蓝色的背景映衬下也显得很清爽。

图 2-10 左右图文型

（2）简单设计型

这种类型可以通过使用一张色彩丰富的图片，搭配简短的祝福语句，往往使页面不需要过多的设计就能令人赏心悦目，如图 2-11 所示。

图 2-11 简单设计型

（3）艺术设计型

对封底的图形图像等元素做一些艺术化的处理，往往可以起到别具一格的效果。如图 2-12 所示的封底设计中，在图形中填充图片，就使得原本单调的页面显得富有动感，页面更加有活力。

感谢收看 请多指点

图 2-12　艺术设计型

2.2.4　封底设计的灵感来源

　　封底的设计和封面设计相比，同样都需要在日常查阅的素材中，不断积累和总结，巧妙的运用到 PPT 制作中。如图 2-13 所示的效果图，其设计来源就是图 2-14 所示的 iOS7 程序的关闭画面，覆盖设置透明度的纯色矩形框，和文字更协调。

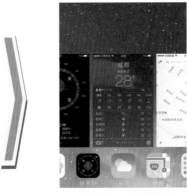

图 2-13　封底设计效果图　　　　　　　　　　　　　　图 2-14　灵感来源

2.3　让目录体现导航作用

　　目录页是用来说明 PPT 内容是由哪几个部分组成。就像一本书上的目录页一样，是整个 PPT 的大纲部分，目录页可以让观众结构化地了解整个演说内容，让演说更加有条理性。当然也不是每个 PPT 都有目录页。需要根据实际工作需要来确定是否要制作目录页。

2.3.1　目录页包含要素

　　PPT 目录页包含的要素有：目录、页面标识、页码。如图 2-15 所示。

图 2-15　目录页包含要素

2.3.2　不同的目录页的设计

目录即课题纲要。别小看目录的设计，它往往能展示 PPT 设计者的真正水平。它体现了整个PPT 所要讲演的主要内容，让观众了解演讲者所要讲的内容是成功演讲的第一步。下面讲述几种常见的目录页类型。

（1）传统型目录：局部设计出新意，画面不足配上图。

传统型目录设计简洁大方，没有太多花哨的地方，表现方式也更直观一些。比如下面的两张目录页，图 2-16 左侧采用了一个大色块，配合"目录页"的文本，右侧同样采用纯色背景加上排列整齐的目录内容。尽管文字不多，但页面并无空洞之感。

图 2-17 所示的目录页则在左侧配了一幅图片，右侧采用几何图形与文本内容搭配，使页面显得更加饱满。

图 2-16　传统型目录 1

图 2-17　传统型目录 2

（2）图文型目录：一图一文绝妙配，各种组合显创意。

将目录内容与相关的图片有效结合，不仅可以增加页面的观赏性，还可以利用图片传递相关的信息。如图 2-18 ～图 2-20 所示的目录页面，图片与目录内容按照一定的规范进行排列，不仅看起来赏心悦目，同时还可以增加观众对目录的印象。

图 2-18　图文型目录 1

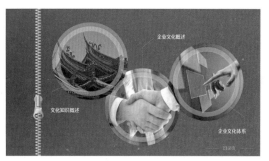

图 2-19　图文型目录 2

图 2-20　图文型目录 3

（3）图表型目录：严谨图表灵活用，信手拈来有创意。

利用图表自身的规律性来设计目录页，加上些许的创意，可以使目录更加有设计感，使得目录的流程更加清晰，加深观众对目录的印象。如图 2-21 和图 2-22 所示的两张目录页，就是利用了图表来实现的目录页排版。

图 2-21　图表型目录 1

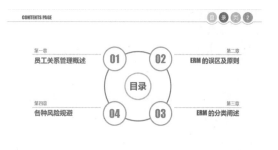

图 2-22　图表型目录 2

（4）创意型目录：灵感恣肆如泉涌，天马行空想象力。

为目录页添加一些简单的创意，往往可以得到意想不到的效果，注意创意不是随随便便都可以使用的。要使用得当，不要过于啰唆，以免适得其反，反而有种此地无银三百两的意思。比如图 2-23 所示的创意型目录 1，目录的内容是关于薪酬的，作者采用了拉开拉链露出金钱的效果，非常符合情景。如果这幅图用在图 2-24 所示的目录页中，则显然不合适。

图 2-23 创意型目录 1   图 2-24 创意型目录 2

 ### 2.3.3 标识设计也有讲究

目录页标识的设计要灵活利用 PPT 整体风格特征，将页面标识恰如其分地融入目录页当中。

第一种方法是将页面标识放在大色块中。如图 2-25 所示，整张页面干净清爽，融入到大色块中反而使目录页标识显得更加醒目。

图 2-26 中黑色圆弧色块的加入，使得页面设计感十足，添加了些许灵动之感。绿色的文本背景色块与黑色形成了色差，显得页面更加时尚。

图 2-25 标识融入到大色块中 1

图 2-26 标识融入到大色块中 2

第二种方法是以边角点缀的形式呈现页面标识。如图 2-27 所示，橘色背景中添加一个小小的白色背景色块，再以橘色的文本录入目录页标识，显得页面非常的和谐。

图 2-28 中右下角添加一个不规则的蓝色形状，再以反白的文本显示目录页标识，比较醒目。

图 2-27 边角点缀呈现页面标识 1

图 2-28 边角点缀呈现页面标识 2

第三种方法是页面标识借助其他页面要素融入版面。如图 2-29 中普通的深灰色文本，下方使用了一条黑色加粗的水平直线，并且在直线靠右的一段使用了主要颜色——绿色，使页面标识融入的非常自然。

图 2-30 中页面的主色调是暖色的，使用醒目的红色背景显示页面标识，与下方唯一的一块红色背景色块相互呼应，也相得益彰。

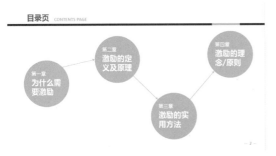
图 2-29　借助其他要素融入版面 1

图 2-30　借助其他要素融入版面 2

2.3.4　别忽视页码设计

PPT 页码要求能够自动显示当前页数，因此必须在母版中设计页码，设计的方法如下。

通过"视图 - 母版视图"选项组，单击"幻灯片母版"选项，此时 PPT 显示的是母版页面，如图 2-31 所示。

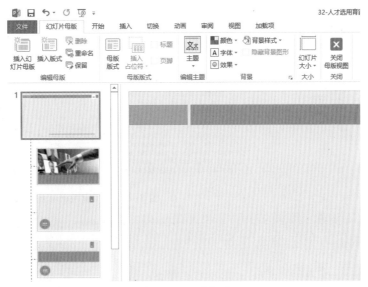
图 2-31　母版视图

单击第一页，在总母版页面，切换至"插入"菜单，单击"文本"选项组中的"幻灯片编号"选项，在弹出的"页眉和页脚"对话框中勾选"幻灯片编号"，然后单击"应用"按钮，如图 2-32 所示。

此时，在页脚右下方有个"<#>"标记即是"数字区"，如图 2-33 所示。此外，勾选"标题幻灯片中不显示"选项，即表示编码在首页不显示。

图 2-32　添加页码编号

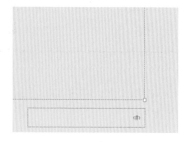

图 2-33　页脚显示效果

◇ 如需调整位置，可以将幻灯片编码框拖动至适当位置；

◇ 对"<#>"进行普通文字形式的字体、大小、艺术字的操作，即可改变页码编号的显示效果；

◇ 可以在"<#>"标记后随意添加字符，比如总计有 20 页 PPT，则可以设置成"<#>/20"，则在每页显示"N/20"的形式，其他的显示设计可以根据制作者的想法去调整修改成满意的样式。

页码的摆放位置或方式也时时刻刻体现创意。如图 2-34 ～图 2-36 为不同形式的 PPT 页码的摆放位置。

使用红色的倒水滴形状为背景色块，反白的数字显得更加清晰和富有创意。

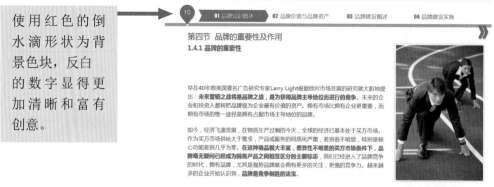

图 2-34　PPT 页码的摆放 1

图 2-35　PPT 页码的摆放 2

白色半透明的背景，透着橘色的底色，橘色的文本与底色一致，页面很和谐，又富有层次感。

图 2—36　PPT 页码的摆放 3

2.4 提供小憩时光的过渡页

过渡页是为了让观众结构化地了解内容，清楚演讲进行到哪里，接下来将进行什么，过渡页的设计适合页数较多的 PPT。过渡页可以给观众一个短暂休息的时间，在接受丰富的信息后，使得观众可以在这一页小憩一下，放松紧绷的神经。

2.4.1　过渡页包含要素

过渡页包含的要素有：页面标识、章节名称、章节内容、页码，如图 2-37 所示。

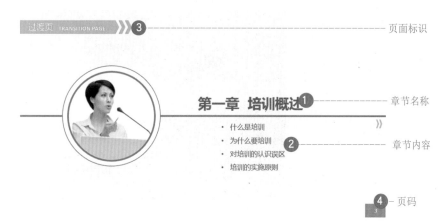

图 2—37　过渡页包含要素

2.4.2　注意过渡页设计要点

一个 PPT 中往往包含多个部分，在不同内容之间如果没有过渡页，则内容之间缺少衔接，容易显得突兀，不利于观众接受。而恰当的过渡页则可以起到承上启下的作用。

不仅仅是 PPT，一般的书籍、杂志都会有过渡页，也许 PPT 正是借鉴了后者。

◇ 过渡页的页面标识和页码一般和目录页保持完全的统一；

◇ 过渡页的设计在颜色、字体、布局等方面要和目录页保持一致（布局可以稍有变化）；

◇ 与 PPT 布局相同的过渡页，可以通过颜色对比的方式，展示当前课题进度；

◇ 独立设计的过渡页，最好能够展示该章节的内容提纲。

2.4.3　不同风格过渡页赏析

（1）普通目录通过加背景色框的方式形成过渡效果。

如图 2-38 所示是一张非常简洁的过渡页，在当前的进度标题上加了一个简单的背景色框形状来显示当前进度。

图 2-38　目录＋背景色框构成过渡页

（2）独特设计的过渡页，展示课程纲要。

如图 2-39 所示，在页面中使用了一张非常个性的图片，页面上的文本似乎是被遮掩在一块绿色的页面之下，随着金色拉链的滑动，过渡页的文本被显露出来。这样的设计不但充满了新意，而且还非常有动感。

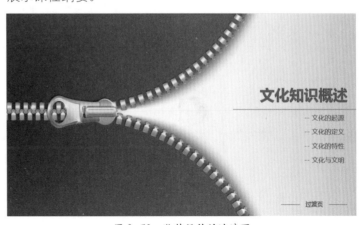

图 2-39　独特设计的过渡页

（3）图文型目录对应的、颜色对比方式的过渡页。

图 2-40 中采用了图文相互对比的形式进行过渡页的设计。表示当前的进度是以较大的彩色图片显示的目录，即"成人的学习特点"。图片的使用丰富了原来的白色背景，使页面不再单调。

图 2-40　图文型目录对应过渡页

 ### 2.4.4　过渡页设计灵感举例

如图 2-41 所示的过渡页效果，是从如图 2-42 所示的站牌指示标得到的启发，以路线图作为灵感来源进行创作的。还是那句话：模仿加上一点点的创新，就可以完成一张不错的页面设计。

图 2-41　设计作品

图 2-42　灵感来源

平时留意生活中的点点滴滴，往往一些最为常见的细小事物都可以给予我们新的灵感。

 # 2.5　令人醒目的标题栏

标题栏的设计往往是为了烘托标题，使标题能够更加醒目地展现在观众的面前，使观众了解演讲进行到哪一个步骤。

2.5.1 标题栏要素

标题栏顾名思义是展示 PPT 标题的地方，一般包含一级标题、二级标题、三级标题、公司信息、页码，其中公司信息可以是公司名称或公司 LOGO。如图 2-43 所示，一级标题是"沟通知识概述"，二级标题是"沟通的定义及作用"。各级标题位置不固定，视PPT 整体风格设计而定。

图 2-43　标题包含的要素

2.5.2 注意标题栏设计要点

每一个内容页都有明确的一级标题、二级标题甚至三级标题，仿佛网站的导航条一般，这样可以让 PPT 的受众能够随时了解当前内容在整个 PPT 中的位置，仿佛给 PPT 的每一页都安装了一个 GPS，PPT 的受众就能牢牢地跟上 PPT 表述者的思路了。

标题栏是 PPT 主要风格的体现，设计要点如下。

◇ 各章节共同部分在母版中"Office 主题"上设置，具体章节标题根据需要选择是否在母版中设置；

◇ 如果 PPT 课件逻辑层次较多，标题栏至少要设计两级标题；

◇ 标题栏一定要简约、大气，最好能够具有设计感或商务风格；

◇ 标题栏上相同级别标题的字体和位置要保持一致，不要把逻辑搞混。

2.5.3 不同风格标题栏举例

▶ 1. 传统型标题栏 + 微创新（如圆点、二级标题位置）

传统的标题栏，再加上一点点的设计创新，就可以使页面不再呆板，比如图 2-44 中的标题栏前面加了几个小圆点，并且根据位置增添不同的颜色，使得页面增加了些许动感。

图 2-44　传统型标题栏＋微创新

▶ 2. 一级标题独立背景式设计的标题栏

独立背景式的标题栏，绿色的背景色使得反白的标题在整张黑色页面中显得更加的突出，让观众更容易了解当前正进行的章节，如图 2-45 所示。

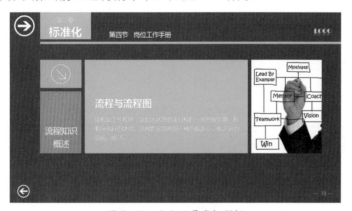

图 2-45　独立背景式标题栏

▶ 3. 网页导航式的标题栏

将标题栏做成网页导航的样式，可以让页面显得更加专业，更有条理性。如图 2-46 所示的标题栏，就采用了网页导航式，利用不同的色彩来区分当前位置，也可以让观众了解当前 PPT 讲解的进度。

图 2-46　网页导航式标题栏

2.5.4 标题栏创意举例

　　标题栏的创意来源和其他页面设计一样，都需要不断的积累，注重细节，往往是制作 PPT 灵感的来源，如图 2-47 所示的标题栏，其灵感来源则是如图 2-48 所示的网页下载进度图标，经过修改创新之后，使整个 PPT 的风格更灵活多变。

图 2-47　创意作品

图 2-48　灵感来源

03

PPT 版面设计真功夫

所谓的排版是指单个页面内容的设计，从某种意义上讲，排版设计是平面设计中的一大分支，主要指运用造型要素及形式原理，对版面内的文字、线条、图片、图表、色块等要素按照一定的要求进行编排，并以恰当的方式艺术地表达出来。通过对这些要素的编排，使观众能直觉地感受到传递的信息。

本章将就笔者在排版中总结的经验技巧与大家分享，主要包括以下内容。

PPT 构图	布局之美	图形的运用
文字排版	图文排版	标题设计

3.1 构图那点事

构图是 PPT 创作过程中的一个非常重要的部分，它是创作过程中绝对不应该忽视的一个环节。通过构图，可以将 PPT 内各个部分组合成一个整体。构图既要充分考虑作品内容又要传达出作者内心的感受，同时又要符合大众的审美法则。构图的概念和法则，与审美意识、艺术观念、理论及风格密切相关。

3.1.1 什么是 PPT 结构图

同样的内容、同样的图片，不同布局结构的 PPT，给观众带来的视觉效果以及传达给观众的思想也可能是不同的。对于 PPT 来说，一个合理的布局结构是非常重要的。人们常用的幻灯片布局结构有左（右）置型、斜置型、中图型、圆图型、中轴型、棋盘型、流程型、全图型等，下面对其中常见的几种布局结构进行介绍。

▶ 1. 左（右）置型布局

左置型布局是一种常见的版面编排类型，它往往将纵长型图片或图表放在版面的左侧，与右侧横向排列的文字形成强有力的对比，如图 3-1 所示。这种布局结构非常符合人们视线的移动规律，因而应用也比较广泛。与之对应的则是右置型布局，如图 3-2 所示。

图 3-1　左置型布局

图 3-2　右置型布局

▶ 2. 斜置型布局

在布局时，全部图形或图片右边（或左边）作适当的倾斜，使视线上下流动，画面产生动感，令呆板的画面活跃起来，如图3-3所示。

图 3-3 斜置型布局

▶ 3. 圆图型布局

以正圆或半圆构成版面的中心，在此基础上按照标准型顺序安排标题、说明文本以及其他对象，可以一下吸引观众目光，突出重点内容，如图3-4和图3-5所示。

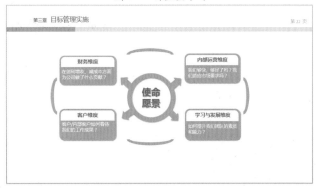

图 3-4 以正圆作为版面中心

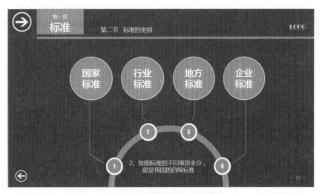

图 3-5 标题按半圆展开

▶ 4. 中轴对称型布局

将标题、图片、说明文与标题图形放在轴心线或图形的两边，这样能显示出良好的平衡感，如图3-6所示。

图 3-6 中轴对称型布局

上面介绍的只是单个幻灯片的布局结构，用户在制作一个 PPT 之前，首先需要想清楚整个 PPT 的内容，然后根据内容列出大纲，根据大纲合理分配页数，当页码太多时，还可以将正文分为多个小节，一般来说，一个完整的 PPT 包括目录页、导航页、正文页、结尾页四个部分，用户可以采用总分式、叙事式、场景式等多种结构的方式来完成一个 PPT。

 ## 3.1.2　构图原则

无论是何种类型、何种风格、何种性质的 PPT，都应当遵循以下原则来进行构图。

▶ 1. 元素与主题密切相关

PPT 中的一切对象都必须与当前主题相关联，或衬托主题、或点明主题，但是不可在其中加入与主题无关的元素，否则会有画蛇添足之嫌，从图 3-7 和图 3-8 中对图片元素的添加可以看出，一个与主题密切相关的图片是非常重要的。

图 3-7　图片元素与主题无关

图 3-8　图片元素与主题相关

▶ 2. 各组成元素不可过于分散

PPT 内各组成元素应保持密切的联系，否则会导致相互关系表达混乱，无法传达出想要表达的主题，从图 3-9 和图 3-10 两幅图的对比中可以看出，

图 3-9　组成元素分散

后者利用了几何图形将文字主题有效地整合在了一起，其效果一目了然。

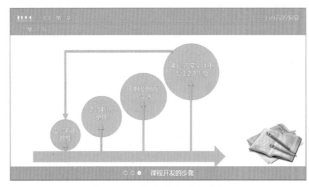

图 3-10　组成元素关系密切

▶ **3. 主题内容突出显示**

在组织元素表达中心内容时，应当合理安排各元素之间的相互关系，利用文字的艺术效果、图片的调整、图形的特殊效果等将重点内容突出显示，如图 3-11 和图 3-12 两幅图的对比中，后者采用几何图形将几个选项依次排列在一个正六边形周围，不仅突出了主题，同时也使得画面更具动感，更好地吸引受众的眼球。

图 3-11　主题内容不突出

图 3-12　主题内容突出显示

 ## 3.1.3　构图原理

PPT 构图与平面构图有着相似之处，在 PPT 构图中同样有均衡、对比统一、对称、比例协调、重点突出等原理。

（1）均衡原理。

均衡是 PPT 构图中一项最基本的原理，通过各种元素的摆放、组合，使画面通过人的眼睛，在心理上感受到一种物理的平衡（比如空间、重心、力量等），均衡是通过适当的组合使画面呈现"稳"的感受，通过视觉产生形式美感。从明暗调子来说，一点黑色可以与一片淡灰获得均衡。黑色如与白色结合在一起时，黑色的重量就会减轻。从色彩的关系来说，一点鲜红色，可与一片粉红或一片暖黄色取得均衡。PPT 整个画面的均衡感是各种因素综合在一起而产生的，如图 3-13 所示。

图 3-13　均衡的画面

（2）对比统一原理。

构图中的变化与统一，也可以称为对比与协调。在 PPT 构图中，常常会通过对比来追求变化，通过协调来获得统一。如果忽略了这一原理，就会失去变化统一的效果，表达的主题就不会生动，也不可能获得最圆满的形式美感。PPT 画面中的变化因素很多，包括视点、位置、形状、明暗等。那么对比的元素如何在构图处理上达到统一协调的效果呢？画面中较多的对比形式因素需要交错处理，产生呼应，使对比具有协调感。

协调是近似的关系，对比是差异的关系。对比要通过画面中各因素的倾向性和近似的关系来获得协调感。以协调与统一占优势的构图，也必定要处理某些变化的因素，使整个画面不致单调而有生动感，如图 3-14 所示。

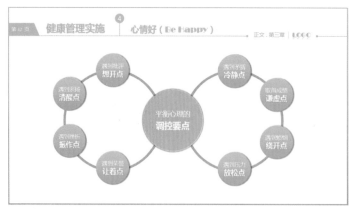

图 3-14　对比统一的画面

（3）节奏。

PPT 构图还有一个重要的原理——节奏，节奏鲜明的构图能让整个画面动起来，变得有趣、活泼、摆脱呆板、乏味的形象。例如，明暗可以带给整个画面节奏感，明暗色调的交错可以获得画面的变化与均衡，产生节奏韵律感。常常采用暗的背景衬托明亮的主体、明亮的背景衬托较暗的主体，构图的明暗形式处理，必须服从表达主题的情景需要。同时也要运用明暗对比手段，显示出构图的主体部分和陪衬部分的正确关系。也可以同时运用多种明暗对比因素的构图形式去处理复杂的题材，表现重大的主题，如图 3-15 所示就是采用明暗对比的效果。

图 3-15 有节奏的画面

3.1.4 常见的平面构成

所谓平面构成是指将不同形态的单元重新构成一个新的单元，在 PPT 中，经常会使用平面来对整个幻灯片版面进行划分，合理安排布局结构。构成幻灯片版面的方法有多种，下面介绍几种常用的方法。

▶ 1. 重复构成

在制作 PPT 的目录、流程、关系型等图形的过程中，经常会不断地使用同一个形状来构造画面，这种相同的形象出现两次或两次以上的构成方式叫做重复构成。基本形重复后，其上下、左右都会相互连接，从而形成相似而又有变化的图形。多种多样的构成形式生成千变万化的形象，使得画面丰富且具有韵律感，如图 3-16 和图 3-17 所示。

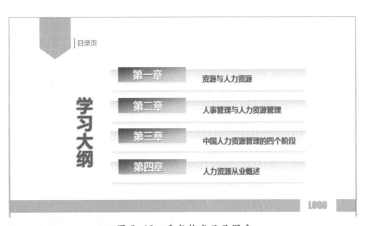

图 3-16 重复构成目录图表

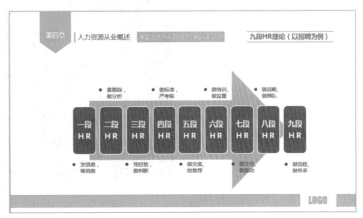

图 3-17 重复构成流程图表

▶ 2. 渐变构成

渐变构成同样是制作PPT时经常采用的构成方式，渐变构成是以类似的基本型或骨骼，渐次地、循序渐进地逐步变化，呈现出一种阶段性的、调和的秩序。在渐变构成中，其节奏与韵律感的安排是至关重要的。如果变化太快就会失去连贯性，循序感就会消失；如果变化太慢，则又会产生重复感，缺少空间透视效果。

在制作 PPT 时，渐变构成是深受用户喜爱的一种构成方式，充分利用渐变效果，遵循构图法则，可以构造出华丽动感的画面，如图 3-18 所示。

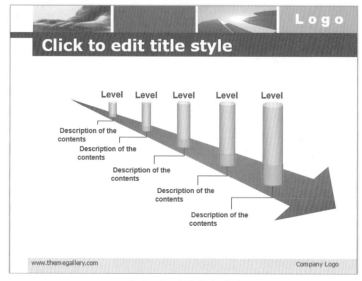

图 3-18　渐变构成效果

▶ 3. 发射构成

发射构成是一种特殊的重复，是基本型或骨骼单位围绕一个或多个中心点向外或向内集中。发射也可说是一种特殊的渐变。发射构成有两个基本的特征：第一，发射具有很强的聚焦，这个焦点通常位于画面的中央；第二，发射有一种深邃的空间感和光学的动感，使所有的图形向中心集中或由中心向四周扩散。

在一张幻灯片中，若需要突出显示某内容，可以采用该构成方式，将需要突出显示的内容作为构图的中心点，其他辅助说明内容作为辐射即可；若需要突出显示某些重点内容，可以采用向外或者向内辐射的方式，并排显示这些内容，如图 3-19 所示。

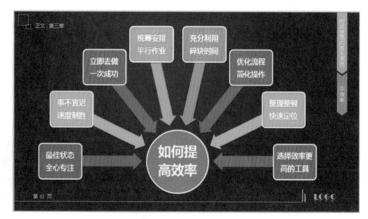

图 3-19　发射构成效果

▶ **4. 特异构成**

特异构成同样建立在重复的基础上，其中的某个形态突破了骨骼和形态规律，产生了突变，这种整体的有规律的形态群中，有局部突破和变化的构成叫特异构成。特异和重复、渐变构成有着密切的关系，特异的形态往往可以带来视觉上的惊喜和刺激。

在 PPT 中，若需要在若干个并列关系的对象中突出显示某一对象，可以采用特异结构，如图 3-20 所示。

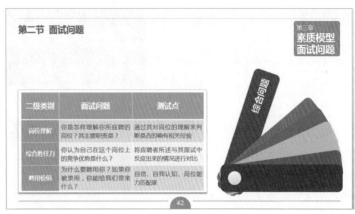

图 3-20　特异构成效果

3.2 关键页面的结构设计

一个完整的 PPT 一般由首页、目录页、过渡页、内容页和结束页组成，尽管不同的人有着不同的设计理念，但对于一些关键的页面还是要遵循一定的设计规则。下面分别对首页、目录页、过渡页以及结束页的设计做一些简要的整理。

3.2.1　首页的结构设计

首页可以说是整个 PPT 设计中最重要的一页，如同人的脸面，如果给人的第一印象不好，就很难有再相处下去的欲望。同样，如果第一页就不能引起观众的兴趣，那么接下来的工作可能都是徒劳的。因此，在首页上要下足功夫，首页往往有如下几种版式。

◇ 标题 + 背景

◇ 形状 + 背景

◇ 上下分隔型

◇ 左右分隔型

◇ 异型结构

每一种结构都有其不同的特点，具体要根据不同的场合进行选择。比如，采用居中的标题文字加上渐变背景，可以给人一种深邃的感觉，立刻为页面增添了空间感，这样的首页能比较形象地体现企业文化。而偶尔调整一下标题的位置，比如偏左或者偏右，都会打破页面的平衡感，让页面活泼起来。结合几何图形的标题方式，则可以让画面更加醒目别致，把背景设置成鲜艳的色彩，并调节不规则形状，则会让标题看起来更加醒目，页面很有动感。

图 3-21～图 3-23 是一些常见的首页设计版式，设计人员在实际的运用过程中应当根据演示的需要进行设计。

图 3-21　上下分隔型

图 3-22　标题＋背景型

图 3-23　左右分隔型

在进行首页设计时，要注意避免出现以下几种情况。

（1）使用过多的页面元素。

首页通常以简洁、大气为主，如果过多地使用插图以及几何图形，则会使整个页面显得纷乱繁杂，在一定程度上会影响观众的观赏情绪。

（2）标题使用过多的文字。

简洁的标题可以让读者快速了解演讲的主题，而如果在首页采用大量介绍性的文本，则会让整个首页失去光彩。

（3）插图与主题无关。

一个好的配图可以加深受众对主题的认知，而胡乱的配图则会让受众感觉到驴头不对马嘴，有画蛇添足之嫌。

3.2.2 目录页的设计

目录页用来说明 PPT 内容由哪几部分组成。目录页可以让观众结构化地了解整个演讲内容，让演讲更加有条理性。目录页设计有以下几种方法。

（1）加序号。

最常用的目录制作方法是对序号进行特殊化处理，让序号能清楚地被看到。

（2）加图标或图片。

使用图标或图片，能够帮助观众更好地记忆内容。在章节切换的时候，可以将其他图标和标题淡化，以突出正在讲的部分。图片还可以在转场时放大，凸显该章节的主题。

（3）时间轴。

时间轴可以让观众了解演讲时间的安排，观众根据演讲者时间的安排，调整自己的注意力和精力，以便合理分配时间。

（4）导航法。

这种方法比较适合内容多且成体系的 PPT，方便在不同模块内容之间进行切换。将不同部门的内容分别用超链接的形式做成导航，使其显示在内容页上，可以使阅读 PPT 的人自由选择阅读的内容。

（5）图片法。

将目录和图片结合起来，可以很有效地打破文档的平淡无奇之感。

当然，每个人的设计理念都是不一样的，以上也只是列出了一些常见的目录页制作方法。图 3-24 ～图 3-27 是几种常见的目录版式结构。

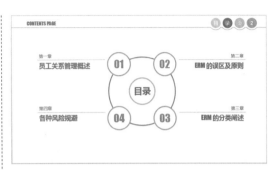

图 3-24　目录页 1

图 3-25　目录页 2

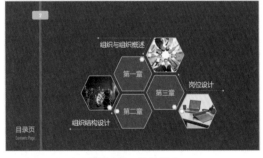

图 3-26　目录页 3

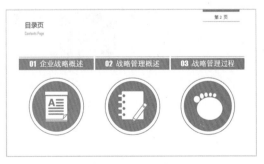

图 3-27　目录页 4

3.2.3 过渡页的设计

过渡页是为了让观众结构化地了解内容，知道演讲进行到哪里，接下来将进行什么，这适合页数多的 PPT。过渡页可以给观众一个短暂休息的时间，在接受丰富的信息后，使得观众可以在这一页稍微放松一下紧绷的神经。

过渡页相当于二级封面，信息少，可以插入渲染气氛的图片，强化 PPT 的整体数据风格。过渡页设计有以下几种方法。

（1）全屏过渡页。

过渡页用一幅满屏的图或背景点缀标题文字，此页面信息量不同于其他页面，信息量较少，如图 3-28 所示。

图 3-28　全屏过渡页

（2）目录式的过渡页。

用目录页作为过渡页，可以通过颜色区别显示讲过的内容和马上要讲的内容。即用不同颜色显示不同内容。用目录页作为过渡页，可以让观众随时知道演讲的进程，讲过了多少，还要讲哪些内容，可以为接下来讲的标题设置动画效果，增强观众的视觉冲击力，提高观众的兴趣，如图 3-29 所示。

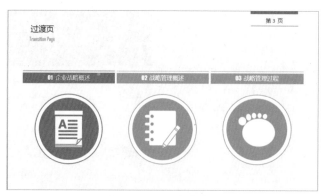

图 3-29　目录式过渡页

（3）图文结合式过渡页。

过渡页用图片＋文字进行设计，可以用图片放松观众一直紧绷的神经，如图 3-30 所示。

图 3-30　图文结合式过渡页

3.2.4　结束页的设计

结束页可以对工作团队表示感谢，也可以写一些带有鼓励性质的文字，或者表达美好祝愿的话语，还可以根据文稿的内容，用一首诗，或是一些名人名言作为结束语。语句可以很正式，也可以很幽默。在结束页再次点明 PPT 主题，能起到总结全文、强化影响的作用。不要忘记注明演讲者的姓名、联系方式等信息，以便感兴趣的人联系。

如果想要将 PPT 在网络上共享又不想失去版权，可以在结束页对版权的处理做一下说明。以下是几种常见的结束页设计版式。

图 3-31　结束页 1

图 3-32　结束页 2

图 3-33　结束页 3

3.3 布局之美

在众多对 PPT 的设计中，以文字为主的设计占据了绝大部分。虽然有时也会穿插大量的图片和图形图表，但在实际应用中，用图解式的处理方法设计整个幻灯片并非易事。因此，设计者应考虑采用合理的布局来划分页面，使其能够更好地突出所要讲解的重点，并及时传达给观众。

 ## 3.3.1 距离之美

在 PPT 设计中，通过合理调整文本之间的距离，也能使内容条理分明，促进演讲者与观众之间的沟通，在此所说的"间距"包括边距、行距、段距。笔者建议除非特别需要，千万不要将大段文字紧密排列，可以通过适当更改字体颜色、行间距等，让读者减少对文本过多的恐惧，如图 3-34 所示。不过，笔者不建议过分调整字间距。

图 3-34　PPT 距离的排版

 ## 3.3.2 对齐之美

自古有"不以规矩，不能成方圆"的俗语，在 PPT 的制作当中，边界、模块的上下左右对齐，会使 PPT 更规整。如图 3-35 所示，图中各元素右侧相对于边界对齐，五个文本框相互对齐，等距离分布，在视觉会有比较舒服的感觉，而如果这五个文本框排列杂乱无章，会让观众产生厌倦感。

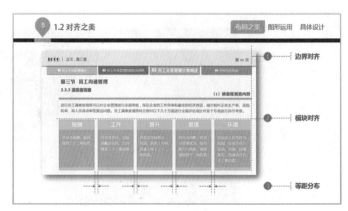

图 3-35　图形对齐排列

如图 3-36 所示的案例中，四幅图片上下左右相互对齐，左侧的文本框为了和右侧的图片达到上下对齐的效果，采用了在文本框上下添加线条的方式，这样整个页面就显得工整有序，美观大方。

图 3-36　图像对齐排列

 ### 3.3.3　对称之美

在日常生活和艺术作品中，"对称"常代表着某种平衡、和谐之意。PPT 所讲究的对称一般指模块的左右对称和上下对称。把比重相同的内容以对称的方式排列，在某种程度上给读者传递一种元素间的相互对比、比重平衡的信息，如图 3-37和图 3-38 所示。

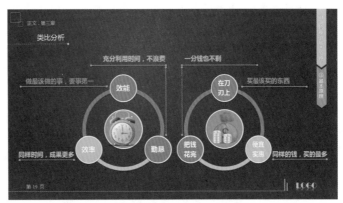

图 3-37　图表文本左右对称

图 3-38　图片和右边文本框上下对称

 ### 3.3.4　留白之美

留白简单地说就是留下一片空白。留白真的是难以言说的一种表达方式，因为留白更接近于一种意境。笔者认为留白既要彰显意境美，又要使画面不失重，即画面的重心要稳。

在 PPT 设计中，留白是一个基本的要求，切忌"顶天立地"，也就是说，无论是在 PPT 中插入表格还是图片，都不应把页面排得满满当当，给人拥紧不堪的感觉，如图 3-39 和图 3-40 所示，留白处理就比较得当。

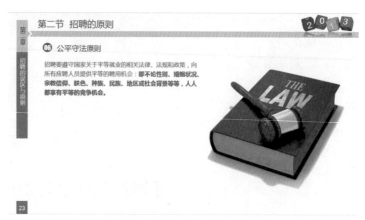

图 3-39　页面留白 1

当然，大片空白不能乱用，一旦空白，必须有呼应，有过渡，以免为留白而留白，造成版面空乏。

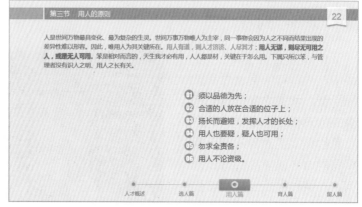

图 3-40　页面留白 2

 **3.4 充分发掘图形的魅力**

样式美观、颜色丰富的图形让页面绚丽、跳跃起来。图形作为文字背景，为枯燥乏味的文字添加一抹趣味性；也可以作为点缀部分，用来装饰 PPT。

3.4.1　灵活运用"线"型设计

线条在 PPT 中的应用非常广泛，可以在标题下方起到强调的作用，也可以在模块之间起到分割作用。下面来看几种线条的应用位置。

▶1. "线"应用于标题设计

线条应用在标题设计上，使标题和和正文内容分开，使 PPT 页面各模块更清晰分明。如图 3-41 所示的页面，就利用线条将标题部分进行了划分，使得层次更加分明，同时也使得标题更加美观耐看。

图 3-41　标题中应用线条

▶2. "线"应用于正文中

"线"在正文中的应用，起到对不同内容的分割作用。以及应用在正文的边界，用"线"勾勒出画面中模块内容的边界，形成规矩、整齐的效果。如图 3-42 所示，通过线条将不同的观点进行有效的整合和划分。

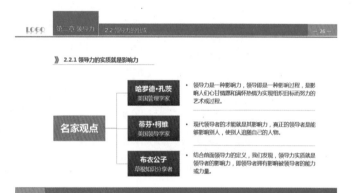

图 3-42　正文中应用线条

如图 3-43 所示，在正文的边界应用了虚线线条，使得页面更加规整，再加上圆点的点缀，也给页面增加了美感。

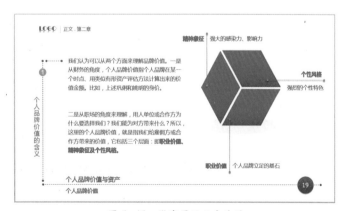

图 3-43　线应用于正文边界

▶3. "线"应用于对称模块

另外，"线"也可以在对称模块之间起到装饰作用，此外，在图表中，线的作用不仅仅是连接，更可以展现出设计的美感。如图 3-44 和图 3-45 所示。

图 3—44　线应用于对称模块

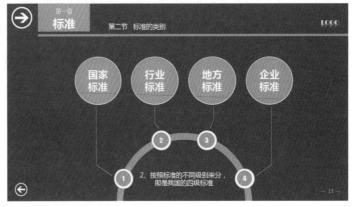

图 3—45　线应用于图表

3.4.2　框和圈的应用

▶ 1. 框的应用

框在 PPT 中的应用主要体现在它的模块化，使页面形成一个或多个模块，实线框和虚线框，以及框线的粗细都会影响到 PPT 的整体设计感。图 3-46 中用框分割模块，显得整洁有序。

图 3—46　使用框分割模块

框的对齐效果比单纯的文本段落对齐更直观，另外，在引用寓言故事、名人名言、古诗词时都可以用框装饰，使这些文字更特殊化，如图 3-47 和图 3-48 所示。

图 3-47　框的对齐效果

图 3-48　引用名人名言

▶ 2. 圈的应用

圆形是由极其细小的边角组成，圆形在几何图形中具有平滑流畅的边缘，更让人感觉轻松、愉悦。

合理的运用会提高页面的层次，让焦点更加突出，增强视觉感。设计需要增加乐趣时，不妨多运用流畅线条的图形来让页面活跃起来。

如图 3-49 所示，将"圈"、"线"和"PNG 人像"完美地融合在一起。而图 3-50，边框是从矢量图中导出的 PNG 图片，右边的"粗框图"和"同心圆"则是后来绘的图，形成了整齐一致的完美效果。

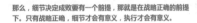

图 3-49　圆圈的应用 1

图 3-50　圆圈的应用 2

3.4.3 面与色块的应用

▶ **1. 面**

面设计出整体内容页的版面，同一页面中设置不同层次的面，会使画面的逻辑感更强烈，如图 3-51 所示。在橘色的背景上面，设置两层有透明度的白色的"面"，从而形成了有层次感的视觉效果。

图 3-51 面的应用

▶ **2. 色块**

色块在 PPT 中的应用非常丰富，下面列举几例色块的应用，设计者可以发挥创造力设计出不同的色块风格。

（1）用色块展示不同的模块。

如图 3-52 所示的页面，文字内容较多，如果单独把文本进行罗列，就会显得枯燥无味，而把不同的模块利用几个色块分别展示，就使得页面的条理性更加清晰，结构也一目了然。

图 3-52 色块形成模块

（2）和图片连接形成整齐的模块区域效果。

如图 3-53 所示的页面，给文本内容加上与图片大小相同的背景色块，并且与图片并列排放，就使得整个页面显得更加简洁、专业、不失大气。

图 3-53　和图片连接形成区域

（3）色块展示观点、案例、点缀。

如图 3-54 中的最后一行，把"观点"内容单独使用一个背景色块框起来，不仅可以起到点缀页面的作用，同时也会起到吸引读者注意力的目的。

图 3-54　色块展示观点、点缀

（4）用色块设计独特的标题栏、过渡页、标识、页码等。

如图 3-55 所示的过渡页面，就是通过不同的色块，直观地体现出即将要演示的内容，同时也可以让观众了解到后面还有哪些内容。

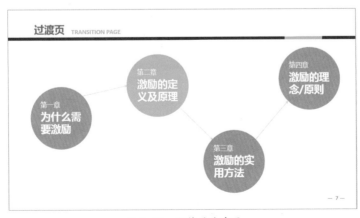

图 3-55　独特的过渡页

（5）具有透明效果的色块和图形具有设计感的搭配。

对于将整幅图片作为背景的 PPT 来讲，使用色块并将色块处理成透明的效果，既能起到分割区域的作用，又能保持整幅图片的完整性，可以让页面更具有层次感，如图 3-56 所示。

图 3-56　和图片的层次搭配

（6）两种色块叠加形成的逻辑效果。

将不同的色块进行叠加，可以加强版块之间的逻辑效果，如图 3-57 所示的页面，将两个色块叠加到下面的大色块之上，两层叠加的边缘也起到了一个边框的作用，整体感觉更加协调统一。

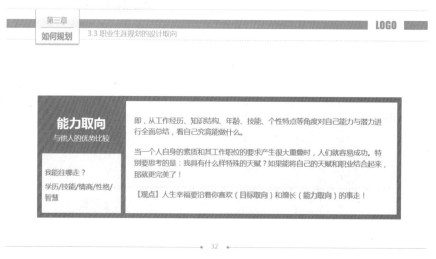

图 3-57　叠加加强逻辑效果

 ## 3.4.4　图形之美

在 PPT 的设计中，只有文字和图片会使得画面呆滞、乏味。图形的应用起到点缀和强调的作用，下面列举几个图形在 PPT 中的应用。

▶ 1．燕尾形——""

　　此图形可以作为"箭头"的变体，起到指向的作用，但要比"箭头"表现的意境更委婉。还可以在标题栏或边角作为点缀的图案，加上颜色的搭配，使整个页面活跃起来。如图 3-58 和图 3-59 所示。

图 3-58　应用于标题栏和边角

图 3-59　应用于文本框

▶ 2．"泪滴形"——""

　　此图形可作为页面编码或序号的背景图形，也可作为文本框的背景图形，或者放置在页面的边角作为点缀作用，如图 3-60 和图 3-61 所示。

图 3-60　应用于文本框

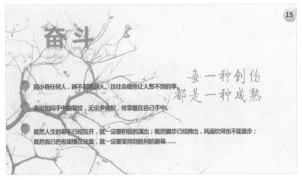

图 3-61　页面编码和序号背景

▶ 3. "对角圆角矩形"——""

此图形与矩形相比有两处平滑流畅的边缘，显得更流畅顺滑，增强 PPT 的设计感。图 3-62 和图 3-63 是该图形和矩形的对比效果。

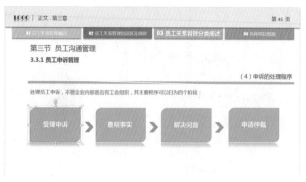

图 3-62　对角圆形矩形的应用

图 3-63　矩形框的应用

除以上几种图形之外，还有多种图形也可以提升 PPT 设计，如图 3-64～图 3-67 所示，请注意红色矩形框中的图形。

图 3-64　半圆形的应用

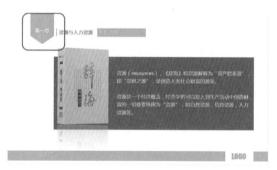

图 3-65　五边形的应用

图 3-66　椭圆形标注的应用

图 3-67　三角形形成的立体效果

3.5 具体设计

排版要根据页面文字、图片、图表的比重而定，在突出演讲者的中心思想时还要让观众赏心悦目，给观众一种美的享受。

 3.5.1 文字排版技巧点滴

文字的主要目的是阅读，通过文字内容，观众便可以很容易地了解当前 PPT 所要传达的思想重心。根据 PPT 的具体设计，有些文字不便于配图，即形成了纯文字的页面，此类的排版比图片的排版要难，如果排版不佳，会使整个页面呆板僵化，让观众产生厌倦感，从而不便于信息的传播。

文字的排版分为字少时的排版、字多时的排版以及文字的图表化处理。首先，字少时的排版讲究错落有致、突出重点。一般突出重点的方法有字体字号的设置、颜色的设置、加彩色背景图形等。有利于观众第一时间了解演讲者表达的内容。如图 3-68 和图 3-69 两幅图中的文字排版对比，从视觉上来说，后者明显比前者更清晰。

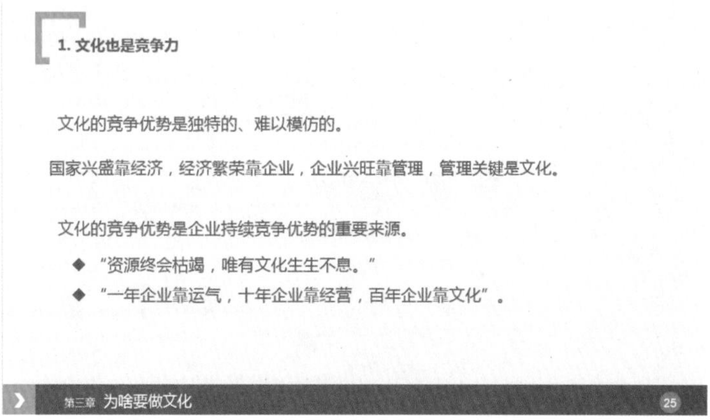

图 3-68　重点不突出，疲惫感强烈

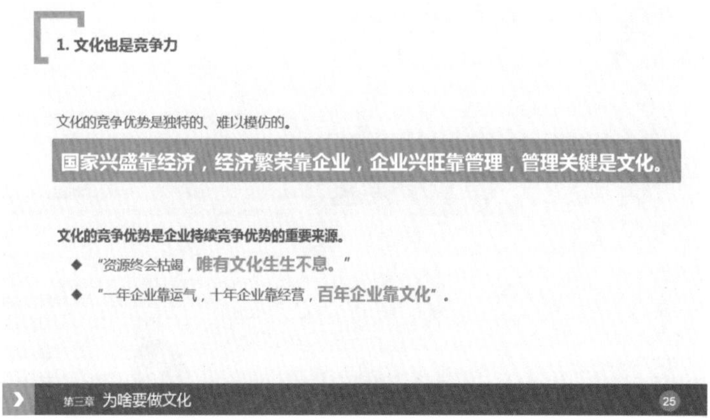

图 3-69　错落有致，重点突出

其次，字多时的排版要求布局合理、规整匀称。从图 3-70 所示的案例可以看出，页面的排版规整有序，背景图形的运用使整个页面生动活跃，感官上也容易被观众接受。

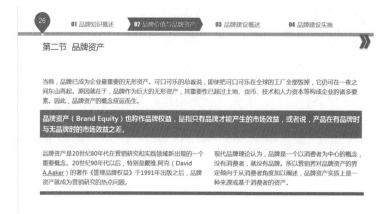

图 3-70　布局合理、规整匀称

最后，文字的图表处理也是文字的一种表现形式，使整个 PPT 设计感更强烈，也更便于观众记住 PPT 的内容。使用图形图表对文字内容进行形象化的处理，观众可能在几年后还会对该内容记忆犹新。如图 3-71 和图 3-72 所示，后者明显比前者更便于观众记忆。

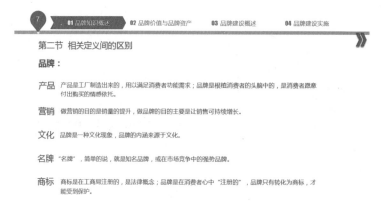

图 3-71　内容呈段落编排

图 3-72　内容呈图形排版

3.5.2　图文排版技能提升

图文排版分为单图排版、双图排版和多图排版，下面分别对相关的排版要点进行介绍。

▶ 1．单图排版

单图排版的要点可以总结为小图重点缀、中图重排版、大图重冲击。

◇ 小图重点缀：小图作为点缀形式存在，并不占用太多页面，可以不抢眼，主要作用是突出文字或其他模块的表现力，如图 3-73 所示。

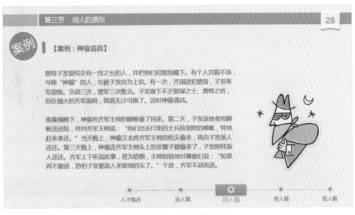

图 3-73　小图作点缀

◇ 中图重排版美：中等图形，大小适中，更便于页面的排版与对齐，而且图片在视觉传达上用于辅助文字，帮助理解，如图 3-74 所示。

图 3-74　中图重排版美

◇ 大图重冲击力：图片的视觉冲击力比文字强，所以大图少字的排版方式常用于 PPT 的制作，除了图片有记录和信息交流的功能外，艺术渲染是大图排版的最显著的特点，如图 3-75 所示。

图 3-75　大图重冲击力

▶ 2. 双图排版

双图排版的要点是并列或对称。图片的面积会直接影响页面的传达，双图排版选用的一般都是中等大小的图片，再加上必要的文字叙述，整个画面会有图文并茂、相得益彰的效果，如图 3-76 和图 3-77 所示。

图 3-76　并列式排版

图 3-77　对称式排版

▶ 3. 多图排版

多图的排版方式讲究布局排列之美，页面上每增加一张图片，版面就会更活跃一些，图片增加到三张或以上，就能营造出很热闹的版面氛围。根据版面的内容来精心安排，效果会非常突出，如图 3-78 所示。

图 3-78　多图布局排列

3.5.3 标题设计浅析

标题占 PPT 页面较少，所以往往容易被读者忽略，也不能设计的太花哨，否则无法突出正文内容的重心，有"喧宾夺主"之意。本节主要通过几个案例讲解如何设计标题会更美观。

标题的设计分为简洁式标题，简洁大方，基本没有修饰；点缀式标题，此种标题应用较多，简单的修饰让标题栏既不花哨也不单调；最后是背景式标题，此类标题以色块作为背景，时尚流行，几种标题的样式如图 3-79 ～图 3-81 所示。

图 3-79　简洁式标题

图 3-80　点缀式标题

图 3-81　背景式标题

04

PPT 颜色浅探

颜色作为信息表达的有效工具，可以增强 PPT 的效果，颜色的选择及使用方式可以有效地感染观众的情绪，从而确保演讲活动的成功。在 PPT 的美化环节中，配色是设计的核心，也是美化的关键。

本章主要包括以下内容：

色彩基本知识　　　用色要点　　　经典搭配方案

4.1 了解色彩基本知识

我们生活在五彩缤纷的世界里，天空、草地、海洋时都有它们各自的色彩，色彩不仅仅是点缀生活的重要角色，也是一门学问，在设计 PPT 时灵活、巧妙的运用色彩，可以使作品达到各种精彩效果。接下来首先讲解一些色彩相关的基本知识。

4.1.1 伊顿 12 色相环

伊顿 12 色相环是由近代著名的瑞士色彩学大师约翰内斯·伊顿（Johannes Itten，1888 ～ 1967）先生设计。

色相环中每一个色相的位置都是独立的，区分的相当清楚，排列顺序和彩虹以及光谱是一样的。

12 色相环由原色、二次色和三次色组合而成，如图 4-1 所示。

一次色（原色）：在传统的颜料着色技术上，将红、黄、蓝称为颜料的三原色或一次色，三种颜色彼此势均力敌，在环中形成一个等边三角形。

二次色（间色）：通过两种不同比例原色进行混合所得到的颜色为二次色，二次色又叫做间色。

三次色（复色）：用任何两个间色或三个原色相混合而产生出来的颜色为三次色（复色），包括了除原色和间色以外的所有颜色。

图 4-1　伊顿 12 色相环

4.1.2 色光三原色 & 色料三原色

▶ 1. 色光三原色

色光三原色为红、绿、蓝。光线会越加越亮，两两混合可以得到更亮的中间色：黄、品红、青，三种等量组合可以得到白色，如图 4-2 所示。

补色指完全不含另一种颜色，红和绿相互混合成黄色，因为不含蓝色，所以黄色就称为蓝色的补色。两个等量补色混合会形成白色，而红色与绿色经过一定比例混合后就可以形成黄色。所以黄色不能称之为三原色。

称色料三原色（减法三原色），如图 4-3 所示。我们看到印刷的颜色，实际上都是看到的纸张反射的光线，比如我们在画画的时候调颜色，也要用这种组合。颜料吸收光线，而不是将光线叠加，因此颜料的三原色就是能够吸收红、绿、蓝的颜色，为黄、品红、青，他们就是红、绿、蓝的补色。

把黄色颜料和青色颜料混合起来，因为黄色颜料吸收蓝光，青色颜料吸收红光，因此只有绿色光反射出来，这就是黄色颜料加上青色颜料形成绿色的道理。

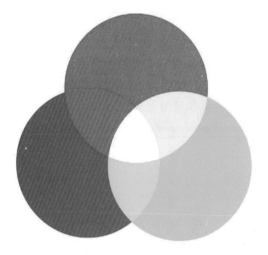

图 4-2　色光三原色（加法混色）

三原色的本质是三原色的独立性，三原色中任何一色都不能用其余两种色彩合成。另外，三原色具有最大的混合色域，其他色彩可由三原色按一定的比例混合出来，并且混合后得到的颜色数目最多。

▶ **2. 色料三原色**

除色光三原色外，还有另一种三原色，

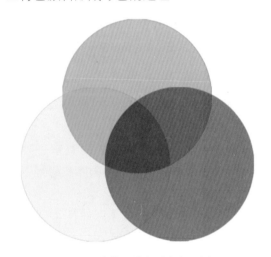

图 4-3　色料三原色（减法混色）

 ### 4.1.3　HSL

HSL 色彩模式是工业界的一种颜色标准，是通过对色相 (Hue)、饱和度 (Saturation)、明度 (Lum) 三个颜色通道的变化以及它们相互之间的叠加来得到各式各样的颜色，HSL 即是代表色相、饱和度、明度三个通道的颜色，这个标准几乎包括了人类视力所能感知的所有颜色，是目前运用最广的颜色系统之一。

其中色相为色彩的相貌，如图 4-4 所示。

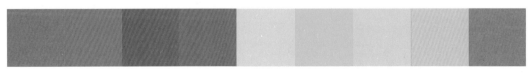

图 4-4　色相

饱和度：色彩的鲜艳程度，也称色彩的纯度或彩度，如图 4-5 所示。

图 4-5 饱和度

明度：颜色的亮度，越亮越接近白色，越暗越接近黑色，如图 4-6 所示。

图 4-6 明度

4.1.4 色彩冷暖

色彩的冷暖涉及到个人生理、心理以及固有经验等多方面，是一个相对感性的问题。色彩的冷暖是互为依存的两个方面，相互联系，互为衬托，并且主要通过它们之间的互相映衬和对比体现出来。一般而言，暖色光使物体受光部分色彩变暖，背光部分则相对呈冷光倾向。冷色光正好与其相反。

冷色调和暖色调是指色彩带给人的感觉，前者给人安静、稳重、冷酷的感觉；后者给人热情、奔放、温暖的感觉。

可分为以下三个类别：如图 4-7 所示。

◇ 暖色系（红、橙、黄）；

◇ 冷色系（蓝、绿、蓝紫）；

◇ 中性色系（绿、紫、赤紫、黄绿等）。

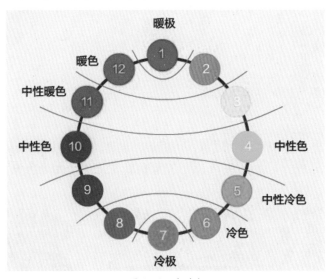

图 4-7 冷暖色

一般情况下，模板色调决定了 PPT 的色调。冷色调的模板一般会用冷色调的内容；暖色调的模板一般会用暖色调的内容；中性的模板无论配冷色调还是暖色调的内容都可以，或者两种色调可以同时使用。

4.1.5 常见色彩搭配

PPT 演示是一门视觉沟通的艺术，色彩在其中的分量举足轻重，但很多人并不知道如何搭配颜色，只是根据自己的感觉，结果颜色五花八门，看着花哨，给观众的感受则是别扭、不协调、丑陋。

图 4-8～图 4-13 是各颜色之间的关系，在制作 PPT 时，经常用到的色彩搭配是相近色、类似色和中度色。

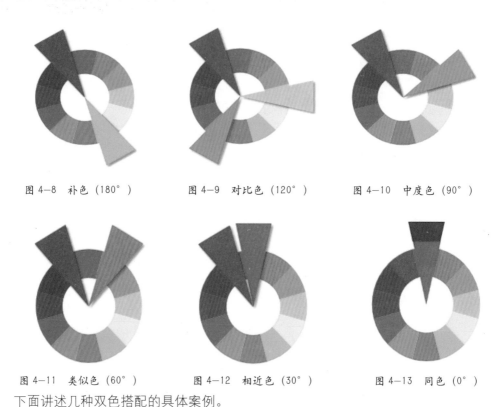

图 4-8　补色（180°）　　　　图 4-9　对比色（120°）　　　　图 4-10　中度色（90°）

图 4-11　类似色（60°）　　　　图 4-12　相近色（30°）　　　　图 4-13　同色（0°）

下面讲述几种双色搭配的具体案例。

▶ 1. 相近色

在色轮上相邻的颜色统称为相近色，用相近色设计的 PPT，让人感觉素雅、正式、严谨，画面看起来比较统一，如图 4-14 所示的案例就是采用了相近色进行的色彩搭配，色彩选择如图 4-15 所示。

图 4-14　相近色案例

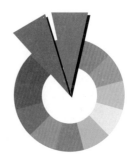

图 4-15　选择相近色

▶ 2. 类似色

在色轮上 60°角内相邻接的颜色统称为类似色，类似色由于色相对比不强，给人色感平静、调和的感觉，因此在配色中较常见。如图 4-16 的案例就采用了类似色进行的色彩搭配，色彩选择如图 4-17 所示。

图 4-16　类似色案例

图 4-17　选择类似色

▶ 3. 中度色

中度色既有类似色平和的特点，又兼顾对比色变化多端的特点，色彩搭配有一定的反差，更容易吸引观众的注意。如图 4-18 所示的案例就采用了中度色搭配方案，颜色选择如图 4-19 所示。

图 4-18　中度色案例

图 4-19　选择颜色

颜色不是独立存在的，它总是与另外的颜色产生联系，就像音乐的音符，没有某种颜色是所谓的"好"或"坏"，只有与其他颜色搭配作为一个整体时，才能说是协调或者不协调。色轮表示颜色之间的相互关系，图 4-20 和图 4-21 分别为 24 色 7 环色轮和 12 色 5 环色轮，设计者可以结合色彩搭配原理使用。

图 4-20　24 色 7 环色轮

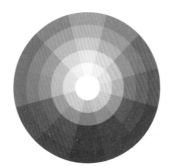

图 4-21　12 色 5 环色轮

4.1.6　无色彩 & 有色彩

从理论上色彩可以分为无色彩（白、灰、黑）与有色彩（红、橙、黄、绿等）两大类别。无色彩和有色彩搭配在一起，可以使图像中的重点更加突出。如图 4-22 所示的过渡页设计就利用了两种色彩的搭配。

图 4-22　无色彩与有色彩搭配

4.2　把握用色要点

一个 PPT 要想让人有眼前一亮的感觉，除了不错的封面和内容之外，配色也很重要，颜色搭配的好与坏，能够影响整个 PPT 的风格和品位。

4.2.1　基本用色原则

用色的基本原则包括：
◇ 重视视觉感受（舒服、浑然天成、不突兀、不刺眼）；
◇ 商务 PPT 应符合公司企业形象设计的用色要求；
◇ 符合逻辑（如不同章节可用不同的颜色，相同级别的标题用相同的颜色）；
◇ 符合颜色的象征意义（绿色健康、红色喜庆、蓝色科技等）；
◇ 单色喜闻乐见（天蓝、草绿、暖橙等），多色尽量模仿（如网站、海报等）；
◇ 色彩不超三种（黑白灰除外，图表色可稍稍灵活），整体风格一致。

如图 4-23 所示的页面，有两种色彩，风格色为蓝色，点缀色为品红，在一个页面中冷暖色同时存在，然而整个页面以冷色为主，暖色为辅，恰到好处。

图 4-23　冷暖搭配

在如图 4-24 所示的案例中，页面背景选用的是深色背景，给人庄重严肃的感觉，风格色选用绿色，清新养眼，图表色颜色活跃，使整个页面也随之跳跃起来。

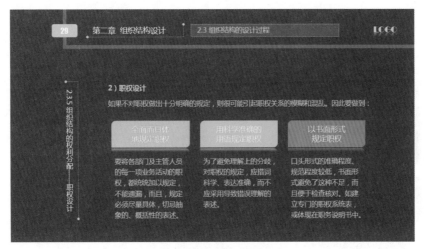

图 4-24　深色背景的商务 PPT

4.2.2　整体风格色

整体风格色指：封面、封底、母版标题栏（整体或点缀）、内标题、强调色、图表色等，主要方案有：整体单色、逻辑单色和组合色三种。

▶ 1. 整体单色

一种颜色贯穿始终，图表色可以略丰富些，但尽量使用 HSL（色相、饱和度、明度）模式调整为同色搭配。如图 4-25 所示的 PPT，整体以蓝色为主，其他颜色在页面中仅起到点缀的作用。

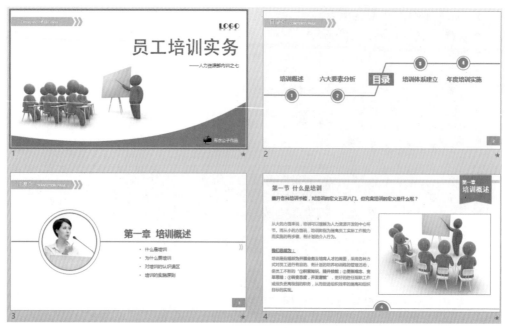

图 4-25　整体单色

▶ 2. 逻辑单色

即不同章节不同色，这种风格适合内容较多的 PPT，不同的章节采用不同的色彩，不仅从逻辑上让层次更加分明，还可以缓解观众的视觉疲劳，如图 4-26 所示。

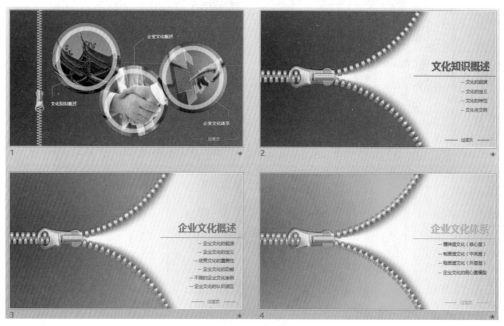

图 4-26　逻辑单色

▶ 3. 组合色

主色＋副色，可以是对比色搭配，也可以是接近色或近似色搭配。这种搭配既可以体现整体的统一融合，也不会使页面的色彩显得单调乏味，如图 4-27 所示。

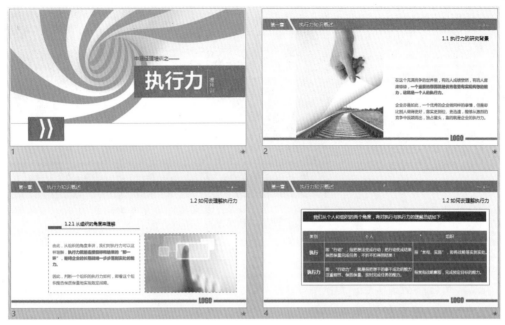

图 4-27　组合色（主色＋副色）

4.2.3　母版背景色

母版背景色的选用一般分为三种：

◇ 第一种是白色，是 PPT 中默认的背景色，简约、便于颜色搭配，如图 4-28 所示。

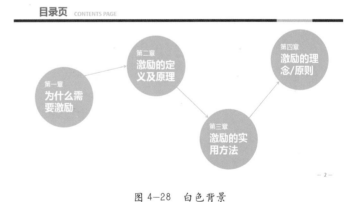

图 4-28　白色背景

◇ 第二种是灰色，对真实颜色的干扰最小，不刺眼、专业感强，如图 4-29 所示。

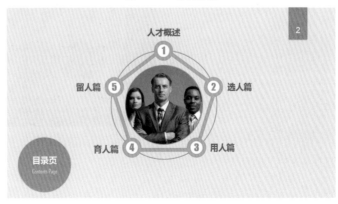

图 4-29　灰色背景

◇ 第三种是深色，给人的视觉冲击力强，但颜色较难搭配，挑战性高，如图4-30所示。

图 4-30　深色背景

 ## 4.2.4　母版标题栏色

母版标题栏颜色的选用推荐以下三种：

◇ 灰色和风格色搭配，灰色一般是长条，一般要辅以风格色（或是风格色的细微同色变化）的色块或点缀，如图4-31所示。

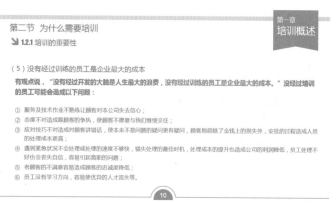

图 4-31　灰色 + 风格色

◇ 纯色风格色，当风格色是双色搭配时，标题栏也可以是双色搭配，如图4-32所示。

图 4-32　纯色风格色

◇ 深色（黑或接近黑色）和风格色搭配，深色的标题栏使得页面更庄重，一般也要辅以风格色的色块或点缀，如图4-33所示。

2.2 激励的原理

心理学家一般认为，人的一切行为都是由某种动机引起的。动机是任何行为发生的内部动力，动机对行为有激发、引导和维持的作用，没有动机就没有行为。动机的性质不同，强度不同，对行为的影响也不同。有一个小故事很形象地说明了这一点：

一条猎狗将兔子赶出了窝，一直追赶他，追了很久仍没有捉到。牧羊犬看到此种情景，讥笑猎狗说："你们两个之间小的反而跑得快得多。"猎狗回答说："你不知道我们两个的跑是完全不同的！我仅仅为了一顿饭而跑（行为：尽力而为），他却是为了性命而跑呀（行为：**全力以赴**）！"

图 4-33　深色＋风格色

4.2.5　文字色

　　文字颜色设置的基本要求是：不要太黑、太亮、太刺目，也不要太淡，要柔和、观众能看清楚。

　　当背景为白色或浅灰色时，字体一般选用灰色，根据背景的深浅调整字体的深浅，以确保看得清楚。如图 4-34 所示。

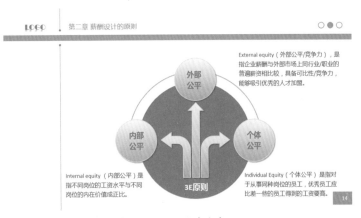

图 4-34　白底灰字

　　当背景为深色时，字体颜色选用白色或浅灰色。如图 4-35 所示。

图 4-35　深底白字

4.2.6 强调色

强调色指的是 PPT 中所有强调内容的颜色设置，一般做法如下。

◇ 对于正向观点，字体加粗并设置为风格色；

◇ 并列内容或相似观点，字体加粗并设置为类似色或接近色；

◇ 反向观点，字体加粗并设置为补色或对比色；

◇ 对于提醒、警示、引发思考或负面观点案例，字体加粗或放大并设置为红色，如图 4-36 所示。

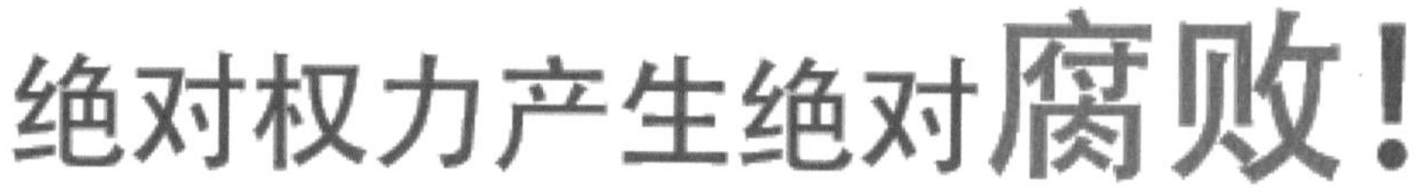

绝对权力产生绝对腐败！

图 4-36　强调色应用

4.2.7 点缀色

点缀色指非 PPT 的风格色，纯属是点缀页面的颜色，不常用，但有时可以根据页面的需要尝试运用，如图 4-37 所示的案例，橙色的"CONTENTS PAGE"和图片边框是点缀色，起到丰富页面颜色的作用。

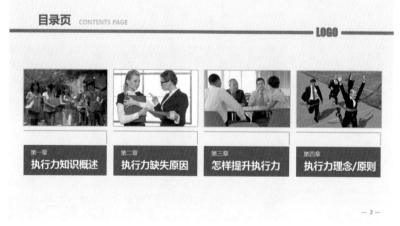

图 4-37　点缀色

4.3 色彩的经典搭配艺术

色彩总的运用原则是协调，也就是每张幻灯片的整体色彩效果应该是和谐的，局部小范围可以有一些强烈色彩的对比，在色彩运用上，可以根据内容的需要，分别采用不同的主色调。

同时，还要考虑幻灯片底色的深浅。底色深，文字的颜色就要浅，以深色的背景衬托浅色的内容；反之，底色浅，文字的颜色就要深，以浅色的背景衬托深色的内容。

4.3.1 灰底单色搭配

灰底单色是比较常见的搭配方式，灰色可以营造出精致、现代、含蓄典雅的氛围。以下案例是灰底单色搭配的三种方案。

◇ 背景色为"灰色"，风格色和标题栏为"绿色"，标题栏辅以"黑色"，如图 4-38 所示。

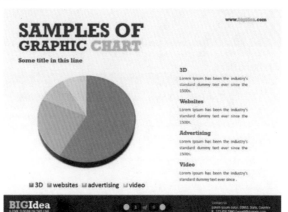

图 4-38　灰、绿、黑三色

◇ 背景色为"灰色"，风格色和标题栏为"蓝色"，标题栏辅以"黑色"，如图 4-39 所示。

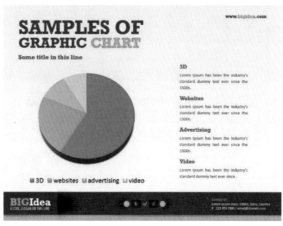

图 4-39　灰、蓝、黑三色

◇ 背景色为"灰色"，风格色和标题栏为"橙色"，标题栏辅以"黑色"，如图 4-40 所示。

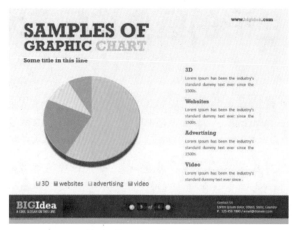

图 4-40　灰、橙、黑三色

如图 4-41 所示，也是灰底单色的经典搭配，只是其标题栏是灰色的长条并辅以风格色。

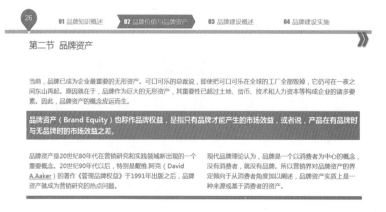

图 4-41　灰色标题栏＋风格色

如图 4-42 所示，灰底搭配有一个典型的特点：背景是暖灰色调，标题栏是两种色彩的组合，其中的一种颜色是风格色。

图 4-42　暖灰色背景

4.3.2　白底单色搭配

白底单色搭配也是最常用的 PPT 色彩方案之一，白色的特点是简约清新、素朴典雅，如图 4-43 所示。

背景为白色，标题栏由黑色和绿色组合，其中绿色为风格色，正文中也运用了绿色矩形点缀，使整个页面简约美观。

图 4-43　白底单色

4.3.3　双色搭配

逻辑双色搭配和主辅双色搭配可以统称为双色搭配。

图 4-44 和图 4-45 是双色搭配的经典案例，在常见色彩搭配小节中也引用过此案例。其中第二个案例是深灰色背景，因此，其颜色亮度比白底或浅灰色亮度要略低。

图 4-44　双色搭配 1

图 4-45　双色搭配 2

4.3.4 双风格色

双风格色即标题栏和正文完全是两种不同风格的用色。

根据 PPT 具体设计要求，双风格色可以选用相近色，也可以选用对比色，值得一提的是，用对比色做 PPT，反差较大、变化多端、吸引眼球，但颜色把握不好会让画面眼花缭乱。

如图 4-46 和图 4-47 所示的案例中，双风格色选用的是对比色，第一张幻灯片蓝色和橙色搭配，第二张绿色和橙色搭配，颜色反差较大，但整张页面每种颜色用色范围控制恰到好处，带给观众强烈的冲击力。

图 4-46　双风格色 1

图 4-47　双风格色 2

4.3.5 逻辑三色搭配

逻辑色的搭配常见于同一个 PPT 不同章节风格色选用不同的颜色。

图 4-48 ～图 4-50 所示的案例，三个章节选用了三个风格色：

第一章内容的风格色为橘色；

图 4-48　第一章内容

第二章内容的风格色为绿色；

图 4-49　第二章内容

第三章内容的风格色为蓝色。

逻辑三色的运用使整个 PPT 条理更清晰，利于演讲者对 PPT 进度的把握。

图 4-50　第三章内容

4.3.6　逻辑四色搭配

逻辑四色的搭配主要针对于四个章节风格色的选用，和上一节作用类似，可以快速地把握 PPT 进度。

那么是不是章节多就要选用多种逻辑颜色搭配呢？

首先，颜色的选用要遵循协调的原则，颜色过多会给观众眼花缭乱的感觉，也极易产生疲惫感；

其次，选用颜色要自然，不突兀，不能反差太大，否则也会影响整个 PPT 的美观。

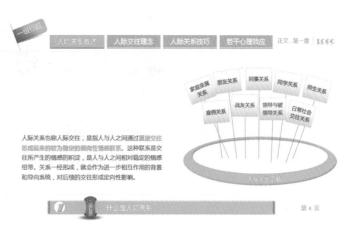

图 4-51　第一章内容

如图 4-51～图 4-54 所示的案例页面有四种颜色，在目录中有所体现，作为引导的作用。而且每一章的正文内容风格色和标题背景色一致，美观时尚，毫无突兀感。

图 4-52　第二章内容

图 4-53　第三章内容

图 4-54　第四章内容

4.3.7　图表色

在 PPT 中，图表色的选用可以同色搭配、也可以多色搭配。一般情况下图表色多选用多色搭配，区别不同模块的同时也使页面更活跃。

图 4-55 和图 4-56 为多色搭配案例。

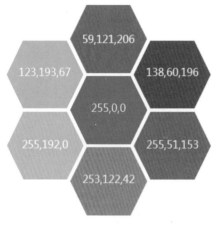

图 4-55　多色搭配案例一　　　　　　　图 4-56　多色搭配案例二

图 4-57 和图 4-58 为设置透明度的图表色案例。

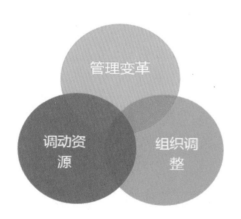

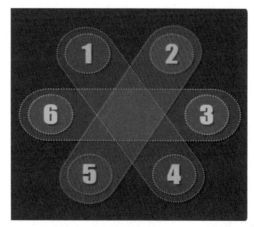

图 4-57　透明图表案例一　　　　　　　图 4-58　透明图表案例二

05

PPT 文本处理技巧

在我们固有的思维中，文本是枯燥无味、单调无色的。在 Office 2013 里面，只要掌握了一些小技巧，文本也能玩出范儿，文本也可以很出彩。本章将讲述如何设计和美化文本，让文本为 PPT 锦上添花。

主要内容如下：

超酷文本效果的实现　　　　**标题文本的美化**　　　　**文本使用技巧**

不得不说的字体

打开字体下拉菜单后会发现，字体的种类有上百种，让人眼花缭乱，不知如何选用。

 ## 5.1.1　PPT 设计中常用的中英文字体

字体可以分为两种：衬线字体和无衬线字体（5.1.3 小节会详细分析这两种字体）。在实际运用中，无论是中文字体还是英文字体，都会用到衬线字体和无衬线字体。在 PPT 设计中，常用的中英文字体如下。

◇　衬线中文字体：宋体、仿宋、新宋体、华文宋体、华文中宋、华文仿宋、楷体、隶书。

◇　衬线英文字体：Times New Roman。

◇　无衬线中文字体：微软雅黑、黑体、幼圆、华文细黑、方正姚体。

◇　无衬线英文字体：Arial。

以上这些常用字体都是 Office 软件自带的，再加上能从各种渠道下载的字体，PPT 的文本可以玩出千百种花样。

 ## 5.1.2　怎样安装字体

可以通过软件，如"字体管家"，或者一些网站，如"求字体"等下载到我们需要的字体，一般字体文件格式都是 TTF 格式。那么如何使这些字体生效呢？如果是从"字体管家"上面下载的，都会自动安装好，重新打开办公软件即可找到该字体。如果是从其他渠道下载的字体，方法也很简单。对于 Windows 7 系统，首先把下载的压缩包解压，找到里面的 TTF 格式文件，右键单击字体文件，执行"安装"菜单命令即可。对于 Windows XP 系统，只需要把下载的 TTF 格式文件放到 C:\WINDOWS\Fonts 文件夹内即可。请注意字体的版权，商业用途必须通过正规渠道获得字体厂商授权。

 ## 5.1.3　如何挑选字体，衬线体与无衬线体

衬线字体是在字的笔画开始及结束的地方有额外的装饰，而且笔画的粗细会因直横的不同而有不同。相反，无衬线字体就没有这些额外装饰，而且笔画粗细差不多。简单来说，衬线就是文字笔画两端的短线，如图 5-1 所示。

对英文来说，衬线字体较易辨识，因此易读性较高。反之无衬线字体则较醒目，但在全文阅读的情况下，衬线字体容易造成字母辨识的困扰，常会有来回重读及上下行错乱的情形。衬线字体强调了字母笔画的开始及结束，因此较易连续性的辨识。衬线字体强调一个单词，而非单一的字母，反之无衬线字体则较强调个别字母。在字体很小的场合，通常无衬线字体会比衬线字体更为清晰。

单词为单位阅读时，不容易疲倦。而标题、表格内用字则采用较醒目的无衬线字体，需要显著、醒目，但不必长时间盯着这些字来阅读。像 DM、海报类，为求醒目，此类型的短篇的段落也会采用无衬线字体。但对书籍、报纸杂志来说，正文有相当篇幅的情形下，应采用衬线字体来减轻读者阅读上的负担。

对中文来讲，例如明（宋）体就是衬线字体，它通常是和 Times New Roman 字体搭配。而黑体、圆体就相当于是无衬线字体。在中文直排的情况，不易显现衬线字体和无衬线字体之间的差异，但是在目前中文横排相当普遍的情形下，以上所讲的易读性、醒目性也适用于中文。

从设计上来说，扁平化的设计风格偏重于使用无衬线字体，无衬线字体让人感觉更简洁，更具有现代感。

图 5-1　衬线体与无衬线体

两种字体适用于不同用途。通常文章的正文使用的是易读性较好的衬线字体，可增加易读性，而且长时间阅读尤其是以

5.2 轻松实现超酷文本效果

PowerPoint 2013 软件提供了功能强大的字体效果设置功能，通过这些功能可以快速将枯燥的文本变得富有生机，为 PPT 增添色彩。

5.2.1　快速实现艺术字效果

PowerPoint 2013 软件内置了一些艺术字的格式，通过格式菜单中的"艺术字样式"选项，可以快速地将选择的文本改变为相应的样式。如图 5-2 所示，选择幻灯片中的标题，然后展开艺术字样式选项，再进行相应的选择即可。

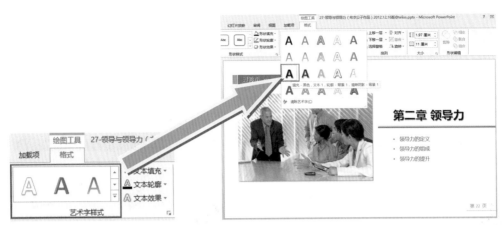

图 5-2 设置艺术字效果

5.2.2 快速实现阴影效果

通过格式菜单项中的"文本效果"选项，可以为文本设置阴影、映像、发光、三维旋转等效果，如图 5-3 所示。只要选择相应的文本内容，然后展开所对应的菜单项，再选择相应的选项即可。

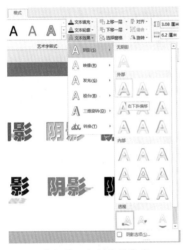

图 5-3 文本效果选项

如图 5-4 所示为不同的阴影效果。

图 5-4 不同的阴影效果

如果需要对阴影进行详细的设置，则可以通过菜单下方的"阴影选项"展开"设置形状格式"面板进行设置，如图 5-5 所示。

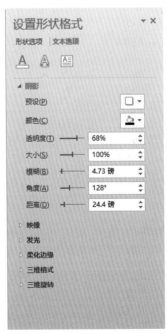

图 5-5 设置阴影选项

5.2.3 快速实现映像效果

在文本效果的下拉菜单中选择"映像"选项，则可以设置不同的映像效果，如图 5-6 所示。

图 5-6 不同的映像效果

如果要设置映像的具体选项，则可以通过形状格式面板进行设置，如图 5-7 所示。

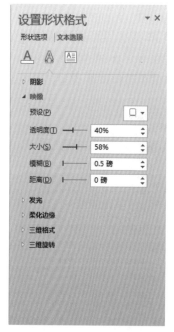

图 5-7 映像选项设置

5.2.4 快速实现三维旋转效果

如果要对文本设置一些三维旋转效果，则可以通过文本效果菜单项中的三维旋转进行设置，如图 5-8 所示为不同的三维旋转效果。

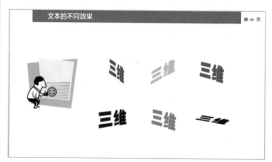

图 5-8 不同的三维效果

通过设置形状格式，可以对三维选项进行设置，如图 5-9 所示。

图 5-9 设置三维旋转选项

5.2.5 快速实现转换效果

通过转换功能，可以将文本制作出各种不同的路径效果，选择要转换的文本，然后通过"文本效果"菜单项中的"转换"命令即可设置相应的形状，如图 5-10 所示。

图 5-10　不同的转换效果

5.2.6　文本也能填充

通常只有形状或者文本框才能进行图片、纹理或者渐变的填充，但在 PowerPoint 2013
软件中文本同样可以进行填充。假设要对文本进行纹理填充，那么可以先选择要填充的文
本，然后再单击"文本填充"选项，在弹出的下拉选项中选择"纹理"，再选择相应的纹
理即可，如图 5-11 所示。

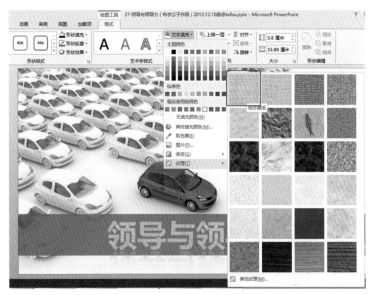

图 5-11　对文本进行纹理填充

5.2.7　设置文本框效果

与 Word 不同，PPT 中的文本是通过文本框实现输入的，只不过默认情况下文本框并
不显示。因此，对于文本的格式操作，文本框样式同样不容忽视。选择要设置的文本框，
然后通过格式菜单下的"形状样式"选项就可以设置文本框的填充色、轮廓颜色以及各种
形状效果，如图 5-12 所示。

图 5-12 形状样式设置

图 5-13 和图 5-14 是在文本框进行不同格式设置前后的对比效果，可以看出文本框的格式设置同样非常丰富。

图 5-13 设置前

图 5-14 设置后

5.3 标题文本的美化

在演讲中，给观众留下第一印象的一定是封面，因此，标题有着举足轻重的地位。好的标题才能引起观众的注意力。

PPT 的封面不外乎有四类：全图形、半图形、纯文字和创意型。那么，相对应的，就有四种标题的设计。

▶ 1. 全图形

全图形是最偷懒、也最具有冲击力的封面设计方式，如图 5-15 所示。但是，这对图片的要求非常高。一般全图形的封面，字体颜色要求不能和图片颜色太接近，要选择互补色或亮度相差较大的颜色。如果背景是颜色复杂的图片，则可以用具有一定透明度的黑（灰）色或白色矩形打底，这样既可以突出标题又不会影响图片的内容。

图 5—15　全图形标题

▶ 2. 半图形

半图形相对于全图形而言，图形和文字的可变性更多。例如，可以将图片裁剪成长方形，然后借助于一些小部件（比如条形色块）进行修饰。文本配色从图片中取色，即可使封面页达到统一的风格，案例如图 5-16 所示。

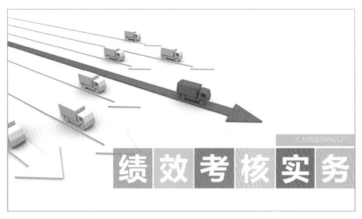

图 5—16　半图形

也可以新建一个多边形，填充成白色，然后拖到图片下方，再利用这个多边形形成的错位进行文本排版。标题文本的字体主要以可辨度高的无衬线字体为主，如图 5-17 所示。

图 5—17　半全图形

▶ 3. 纯文字

这可能是我们平时遇到最多的情况。毕竟，平时的工作汇报没必要找一些花里胡哨的大图来分散注意力，简明扼要、直奔主题的全文字型（偶尔可以加点修饰图片）封面是最好的选择，如图 5-18 所示。

纯文字的排版要用到两种设计原理：其一是亲密性，即将相关联的部分放置在一起；其二是对齐，即整体形成统一的排布方式。

图 5-18　纯文字

▶ 4. 创意型

有时我们会将 PPT 用于一些特殊场合，或者是视觉要求比较高的公开场合。这时设计者可以进行一些突破，发挥自己的创意。

如图 5-19 所示是 Simmon 的作品，利用三角形色块拼接而成的字体，简洁且创新！

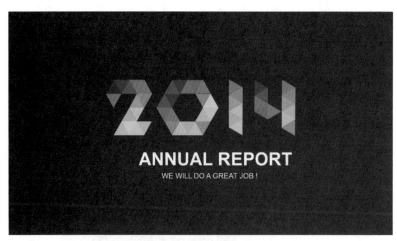

图 5-19　Simmon 创意作品

PPT 中的文本使用技巧

在 PPT 里，文本是最容易美化的元素，也是最丰富的元素之一。它既可以简单地设置颜色和字体，也可以走出高端大气上档次的路线。下面讲述几个另类的文字设计技巧，灵活使用可令 PPT 瞬间增色！

5.4.1 将文本转换为图片

以下情况适合将文本转换为图片：一是文本使用了特殊字体；二是为了使文本套上图片的艺术效果；三是个别动画效果需要整体展现。

将文本转换为图片主要有两种基本方法。

方法一：复制文本框，选择性粘贴时选择"粘贴为图片"即可，如图 5-20 所示。

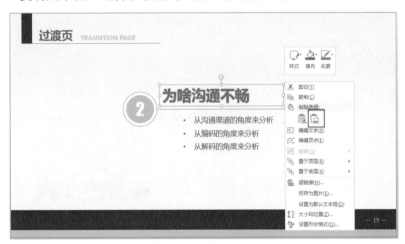

图 5-20　粘贴为图片

方法二：选择文本框，右键单击，在弹出的快捷菜单中选择"另存为图片"菜单命令，然后把该图片插入到 PPT 页面内。

需要注意的一点是，文本转换为图片后，图片将会失去矢量性，轮廓相对没有那么清晰，尤其是放大后情况会更明显，但一般情况下不影响显示效果。

5.4.2 转换为 SmartArt

对于一些有条理性的文本段落，如果想更换为 SmartArt 图形的方式进行显示，可以通过 PowerPoint 软件提供的转换为 SmartArt 图形的功能来轻松实现。

如图 5-21 所示的幻灯片，左下方的几个段落如果想要转换成 SmartArt 形状，就可以先选择这些内容，然后通过"开始"菜单项"段落"组中的"转换为 SmartArt"命令，在展开的选项中选择一个合适的类型即可，转换后的效果如图 5-22 所示。

图 5-21　转换前

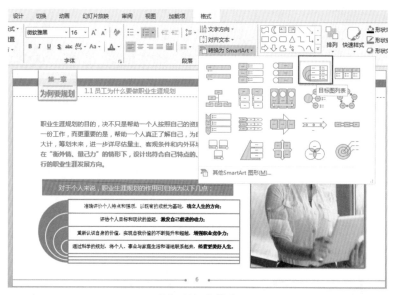

图 5-22　转换后

注意: 使用该功能的前提是这些文本段落必须在同一个文本框中,否则该功能无法使用。

5.4.3　项目符号也疯狂

项目符号在一些并列的列表选项中经常使用，比较常见的有●、◆、□、■等形状。实际上，在 PowerPoint 软件中可以使用的符号类型有很多，就看用户如何去发掘，下面我们就来看看项目符号还能带来哪些惊喜。

▶ 1. 使用特殊符号

如果想使用一些特殊的符号，通常有两种方式：一种是通过符号键盘，不过其中的符号也有限，此处不再赘述；另一种是通过自定义符号的方式，下面讲述如何实现。

第一步，选择要定义项目符号的段落文本，然后在开始菜单项的格式组中单击项目符号按钮 （此处为按钮图标），在弹出的菜单中选择"项目符号和编号"命令，打开项目符号和编号对话框，如图 5-23 所示。

第二步，单击对话框中的"自定义"按钮，打开"符号"对话框，选择要插入的符号，单击"确定"按钮即可，如图 5-24 所示。

注意：不同的字体会显示不同的符号，通常在选择符号时会使用 Wingdings、Wingding2 和 Wingding3 字体。

第三步，如果需要对符号的颜色进行修改，可以通过对话框中的颜色选择进行设置，如图 5-25 所示。

图 5-23　项目符号和编号对话框　　　图 5-24　符号对话框　　　图 5-25　设置颜色

第四步，单击"确定"按钮，完成项目符号的添加，如图 5-26 所示。

图 5-26　完成效果

▶ 2. 使用图片

如果 PowerPoint 软件自带的符号库还无法满足要求，可以尝试使用图片，特别是网上免费的图片。下面讲述如何借助网络插入一个图片作为项目符号。

第一步，在"项目符号和编号"对话框中单击"图片"按钮，然后在 Office.com 剪贴画后面的文本框中输入图片的关键字，这里输入"图标"，如图 5-27 所示。

第二步，确认后可以看到搜索到的各种各样的图标类型，选择其中一个，单击"插入"按钮即可。如图 5-28 所示。

图 5-27　搜索并插入图片　　　　　　　　　　图 5-28　图片项目符号效果

第三步，如果需要对图片的大小进行调整，则可以在对话框中的"大小"项中进行设置，如图 5-29 所示。

第四步，设置完成后单击"确定"按钮即可，如图 5-30 所示。

图 5-29　设置图片大小　　　　　　　　　　图 5-30　图片变大后的效果

5.5　使用文本要注意的事项

文本是传达信息的必备神器，但是，运用不恰当反而会给 PPT 丢分，下面将介绍几个应用文本时一不小心就会进入的雷区，在使用文本时需要慎重，谨防误入雷区。

▶ 1. 不要滥用字体

虽然说，为了区分标题的级别或者突出显示某个字或短语通常会采用不同的字体。但是，在一个 PPT 中最好不要使用三种以上的字体。同时，字号的变化也不要超过三种。从图 5-31 和图 5-32 两幅图的对比中可以看出，字体应用过多反而会引起阅读者的反感。

图 5-31　应用过多字体　　　　　　　图 5-32　单一字体的应用

▶ 2. 排版不宜过度紧密

　　在进行文字排版时，一定不要将所有的文字密集地排列在一起，大段的文字紧密排列，会引起读者的厌烦情绪，会让观众找不到重点，而对文字进行有效地整理规划，并且规划排版之后，则会有不一样的视觉感受。如图 5-33 和图 5-34 所示，同样的内容，不同的排版效果，经过细心的排版设计之后起到的作用显而易见。

图 5-33　文字紧密排列效果

图 5-34　文字整理后效果

▶ 3. 不要滥用颜色

在一个演示文稿中，字体的颜色要与当前主题色相匹配，不能与当前页面中的图片和图形等相互冲突，色彩混乱复杂的演示文稿，很难被观众接受，而色彩统一协调的演示文稿则清爽宜人、干净利落，如图 5-35 所示，就是对文本采用了过多的颜色，而图 5-36 则仅仅采用了单一的白色，却使得整个页面显得专业大方。

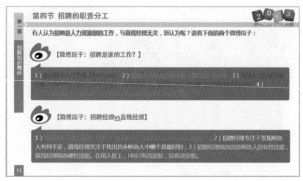

图 5-35　滥用颜色

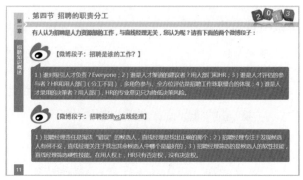

图 5-36　使用单一的字体颜色

▶ 4. 尽可能有规则的排版

在 PPT 中，切忌不要将文字天女散花式的随意洒落在页面，文字之间的逻辑关系被打乱，会让观众分不清重点，而按照某种逻辑关系统一的排列文字，则可以增强文字的逻辑性和美观性，如图 5-37 和图 5-38 的对比中，可以看到按一定规则排版的重要性。

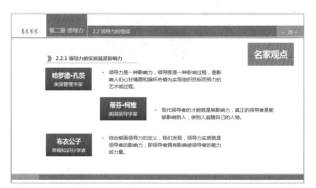

图 5-37　相对凌乱的排版

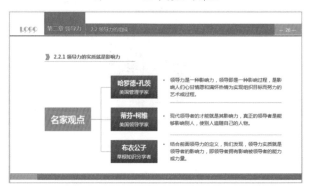

图 5-38　有规律整合的排版效果

CHAPTER

06

图形与 SmartArt 图表 优化设计

本章主要讲述图形图像的编辑、SmartArt 图表的优化设计，对于一个专业 PPT 来讲，关于图像和形状的编辑是不可或缺的，经过优化的图像和形状会在一定程度上提升 PPT 的品质，使 PPT 看起来更加赏心悦目。

本章主要包括以下内容：

图形的绘制　　图片处理　　图表设计　　典型案例介绍

6.1 图形绘制技巧点滴

PowerPoint 软件提供丰富的自选图形，用户可以通过对这些图形进行编辑加工，生成各种图形效果，有关图形的绘制方法此处不再赘述，下面讲述图形绘制方面的技巧。

6.1.1 简单的绘图技巧

▶ 1. 巧用 "Shift" 键

在绘制图形时经常碰到直线不直、圆形不圆、正图形不正、拉伸变形这些问题，要花费大量的时间在图形调整上，经过一番努力之后也只能做到"类似标准图形"，而 Shift 键能帮助用户画出规规矩矩的标准图形，如图 6-1 所示。

图 6-1 绘制正图形

在拉伸图形时，可以按住 Shift 的同时拖动图形的四个对角之一进行缩放，以确保图形成比例缩放。

▶ 2. 活用 Ctrl 键

选中一个图形后连续按组合键 Ctrl+D，可在右下侧连续复制图形。

拉伸图形时，如果按住 Ctrl 键的同时拉伸图形，图形的中心点始终保持不变。

▶ 3.Ctrl+Shift+ 拖动对象实现水平复制

选中图形，按住 Ctrl+Shift 键的同时拖动鼠标，即可绘制出在水平或垂直方向上和原图形相同的另一图形。

▶ 4. 锁定绘图模式

如果需要连续绘制同一图形，可以在选择的图形上单击右键，在弹出的快捷菜单中选择"锁定绘图模式"选项即可，如图 6-2 所示。

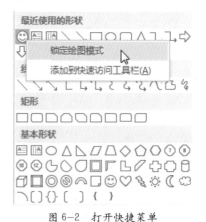

图 6-2 打开快捷菜单

▶ 5. 制作弯曲箭头

如果要绘制弯曲的箭头，可以通过先画弧，再设计圆弧的末端箭头实现，如图 6-3 所示。

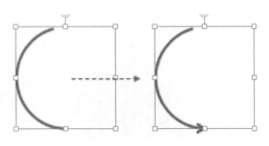

图 6-3 绘制弯曲箭头

6.1.2 神奇的"合并形状"功能

"合并形状"处理之后，会形成一个或多个新的图形，该功能实现了图形的创新，大到制作模块，小到一个装饰性的图形，都可以用该功能处理，是提高 PPT 设计感不可缺少的工具。

如图 6-4 所示是几种合并方式的效果。

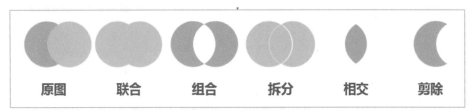

图 6-4 合并效果

不仅形状之间可以合并，文字和形状、文字和文字之间也可以设置"合并形状"，如图 6-5 和图 6-6 所示。

图 6-5 文字和形状合并——组合   图 6-6 文字和形状合并——剪除

6.1.3 "面"的设计方案举例

▶ 1. 透明设计

透明的模块会给人朦胧的感觉，有种"犹抱琵琶半遮面"的韵味。图 6-7 中的两个图形相比，右图三个圆形具有透明效果，很漂亮。那么如何从普通的图形制作出具有透明效果的图形呢？

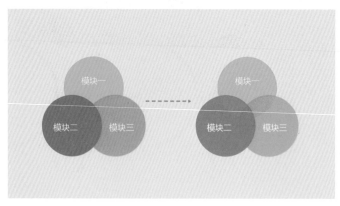

图 6-7　透明效果

首先绘制出三种不同颜色的圆形，然后分别在"设置形状格式"窗格中设置其透明度即可，如图 6-8 和图 6-9 所示。

图 6-8　菜单栏-设置窗格　　图 6-9　蓝色圆形已设置透明度

透明设计在 PPT 中应用广泛，如图 6-10 所示，如果将标题文本直接放置在图片上，那么在字体的配色方面就不好把握，同时也不好协调与背景图片的关系。若在文本下方加上一个白色透明渐变背景框，效果立竿见影，画面协调又不失层次感。

图 6-10　为标题添加透明背景框

▶ 2. 渐变设计

渐变有两种：一种是异色渐变，即图形本身有两种以上不同颜色的变化，如七色彩虹；另一种是同色渐变，即图形本身只有一种颜色，但这种颜色由浅到深或由深到浅发生渐变，类似光线在不同角度照射产生的效果。

渐变的目的在于增加 PPT 画面的生动性和立体感，使用不慎会导致画面过花，特别是异色渐变，需慎重使用。图 6-11 中页面文字背景框就是利用了渐变填充，给人华丽和立体的感觉。

图 6-11　渐变的应用

6.1.4　图形创新设计举例

PPT 中插入的图形都是最基本的形状，通过某些合并设置即可实现图形的创新，创新的图形应用在 PPT 制作中，无疑会成为页面的亮点，小到一个便签，大到图表文件都可以使用创新图形，精心的设计往往更能打动观众。

图 6-12 中文字前面的小便签很漂亮，是怎么实现的呢？

首先通过插入菜单绘制一个泪滴形和一个圆形，然后将两个图形重叠，并选中两个图形，再选择"格式"菜单，单击"形状编辑"组中的"剪除"功能，并将"形状轮廓"设置成"白色"，如图 6-13 所示。

接下来右击图形，在弹出的快捷菜单中选择"设置形状格式"，在"设置形状格式 - 效果"窗格的"阴影"选项中，"预设"选择"向下偏移"，即可得到一个创新图形。具体大小及角度等设置如图 6-14 所示。

图 6-12　文字前特殊的项目符号

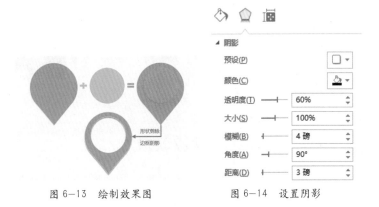

图 6-13　绘制效果图　　　　图 6-14　设置阴影

灵活处理图片效果

PPT 有强大的图片处理功能，简单几步就可以实现精美的图片效果。下面介绍一些图片处理功能。

6.2.1 图片相框另类添加方法

PPT 在图片样式中提供了一些精美的相框，如图 6-15 所示。直接利用这些边框有时会使图片变得模糊，而且选择性不多，所以自定义相框会使图片的效果更理想。

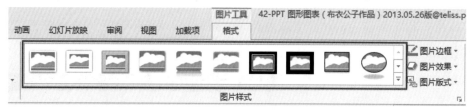

图 6-15 图片样式列表

通常可以采用直接双击图像，然后再通过"图片边框"和"图片效果"中的"阴影"效果来实现自定义边框，如图 6-16 和图 6-17 所示。

图 6-16 "图片效果"菜单

图 6-17 自定义相框效果

6.2.2 快速实现映像效果

图片的映像是图片立体化的一种体现，图 6-18 中图片运用映像效果，给人更加强烈的视觉冲击。

图 6-18　图像映像效果

要设置映像效果，可以选中图片后，选择菜单"格式"|"图片样式"|"图片效果"|"映像"命令，然后选择合适的映像效果即可，如图 6-19 所示。一般选择有一定距离、映像适中的效果。

右击图片，在弹出的快捷菜单中选择"设置图片格式"命令，在"设置图片格式"窗格中可以对映像的透明度、大小等细节进行设置，如图 6-20 所示。

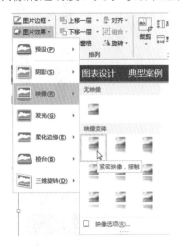

图 6-19　选择映像

图 6-20　设置映像选项

6.2.3　快速实现三维效果

图片的三维效果是图片立体化最突出的表现形式，如图 6-21 所示，如何能实现这种让图片看上去像是立起来的效果呢？

图 6-21　三维效果

首先选择"格式"|"图片样式"|"图片效果"|"三维旋转"|"透视"|"右透视"菜单命令，设置透视效果，然后再调整旋转度、映像等即可完成。

三维效果为 PPT 演示带来了革命性变化，但并非越立体越好，使用时应注意以下几个原则：

◇ 不可喧宾夺主。有的 PPT 使用了大量的修饰性图片，如果这些修饰性画面全用立体效果，反而冲淡了主题。

◇ 画面要统一。阴影、旋转等要有一定的规律，保持统一，不可随意添加，导致前后的立体效果互相冲突。

◇ 要根据背景而定，简洁的背景适用立体效果，复杂的背景要慎用，那只会让画面眼花缭乱。

6.2.4 欺骗你的视觉——翘脚效果巧实现

人的视觉常常会欺骗自己，一个平面的物体，就因为增加了阴影，就会突然翘起来。

如图 6-22 所示，这张图片呈现出两边微微翘起的效果，只要增加适当的阴影就可以实现这种效果。

图 6-22　翘角效果

首先，绘制一个细长型的三角形，颜色为"黑色，淡色 50%"，如图 6-23 所示，右键单击该图形，在弹出的快捷菜单中选择"设置形状格式"命令，在打开的"设置形状格式"窗格中，选择"柔化边缘"，设置柔化大小为"10 磅"，如图 6-24 所示，再放置在图片左下方合适位置，然后使用"复制"和"旋转"命令，在另一侧放置同样的三角形，即可完成图片的翘脚效果。

图片卷翘阴影的绘制大小要适当，如果是两侧同时翘起，则阴影大小要一致，否则会显得非常不自然。

图 6-23　绘制三角形

图 6-24　设置"柔化边缘"

6.2.5　利用裁剪实现个性形状

在 PPT 中插入图片的形状一般是矩形，通过裁剪功能可以将图片更换成任意自选图形，以适应多图排版。

双击图片后选择"格式"|"大小"|"裁剪"|"裁剪为形状"命令，然后选择要裁剪的形状即可。如图 6-25 所示。

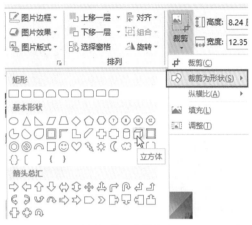

图 6-25　选择命令

图 6-26 和图 6-27 均采用了裁剪为形状的功能对图片进行处理，其中图 6-26 中的图片裁剪为六边形，应用在目录中，较常规型的目录更有设计感。图 6-27 中的图片裁剪为立方体，画面立体感十足，能将观众的视线集中在图片上。

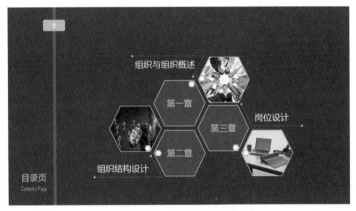

图 6-26　裁剪为六边形

图 6-27　裁剪为立方体

6.2.6　图框填充图片

如果想要的图片裁剪形状没有怎么办？可以采用"绘制图形"|"填充图片"的方式来实现。需要注意的是绘制的图形和将要填充图片的长宽比务必保持一致，否则会导致图片扭曲变形，从而影响美观。

右键单击图形，在弹出的"设置形状格式"窗格的"填充"选项中，选中"图片或纹理填充"，在"插入图片来自"下方，单击"文件"按钮，选择要插入的图片即可，如图 6-28 和图 6-29 所示。

图 6-28　图片填充效果图

图 6-29　设置填充方式

6.2.7　各种快捷效果

图片艺术效果的选用适用于特定场合，可以增加图片的吸引力。在"格式"菜单下"调整"选项组中可以设置图片不同的效果，如图 6-30 所示。

图 6-30　"调整"菜单选项

其中：

（1）"更正"选项针对图片的"柔化 / 锐化"和"亮度 / 对比度"的设置；图 6-31 ～图 6-36 是几种不同的效果。

图 6-31　柔化 50%　　　　　图 6-32　柔化 25%　　　　　图 6-33　锐化 50%

图 6-34　亮度 -40% 对比度 -40%　　　图 6-35　亮度 0% 对比度 -40%　　　图 6-36　亮度 +40% 对比度 -40%

（2）"颜色"选项可以调整图片的"颜色饱和度"、"色调"和"重新着色"；图 6-37～图 6-45 是对图片进行不同的饱和度设置、色调设置和重新着色后的效果。

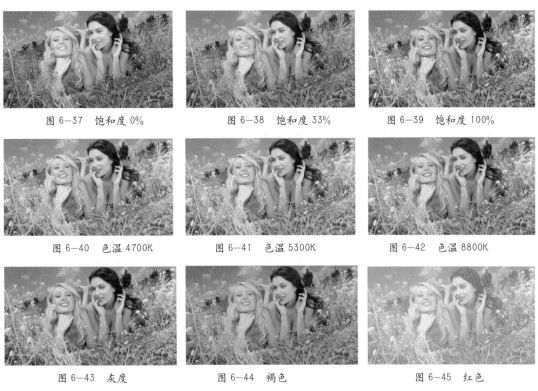

图 6-37　饱和度 0%　　　　　图 6-38　饱和度 33%　　　　　图 6-39　饱和度 100%

图 6-40　色温 4700K　　　　　图 6-41　色温 5300K　　　　　图 6-42　色温 8800K

图 6-43　灰度　　　　　　　图 6-44　褐色　　　　　　　图 6-45　红色

（3）"艺术效果"可以调整图片的风格，图 6-46～图 6-48 是几种不同的艺术效果。

图 6-46　标记　　　　　　　图 6-47　马赛克气泡　　　　　图 6-48　粉笔素描

6.3 图表设计

SmartArt 图表是 PPT 中最常用的图表类型，它的设计直接影响 PPT 的美观。

6.3.1 SmartArt 图表的优化设计

图 6-49 是 SmartArt 中的图表，我们可以对其设置个性化颜色，并添加连接线和下划线，效果就大不相同了！

图 6-49　经过优化的图表

6.3.2 SmartArt 图表的创新设计

目前 PPT 的制作中对图表的要求远不止 SmartArt 图表库中的样式，逻辑关系各种各样，人们的需求自然各不相同。每个 SmartArt 图表通过"取消组合"，会得到图表分散后的各个图形。这些图形经过单独的编辑后再重新排列，就可以得到更多的效果。

图 6-50 是 SmartArt 中的递进关系图表，取消组合后，设计成并列关系图表，并重新着色、分别添加动画效果。

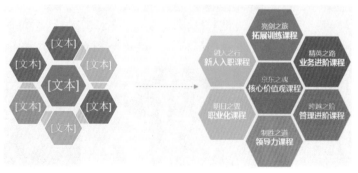

图 6-50　图表创新设计 1

如图 6-51 所示的案例图形是 SmartArt 并列图表的创新，通过取消组合得到相同形状的六边形，再进行相应的颜色及透明度的设置，即可得到非常时尚且与页面和谐统一的图形模块。

图 6-5　图表创新设计 2

 ## 6.3.3　信息图表的仿制

现在各种信息图表非常流行，比如腾讯的新闻百科中有各种漂亮的信息图表。我们在百度或者谷歌输入信息图表也可以找到许多时髦的图表。

图 6-52 中的图表是怎么实现的呢？实际上就是两个弧形拼起来的。

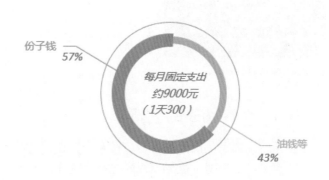

图 6-52　图表示例

不难看出，以上图表由三部分组成：两个不同颜色的圆弧和一个灰色圆形外框。但三个部分组合到一起就构成了非常美观时尚的图表，如图 6-53 所示。

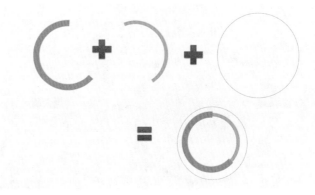

图 6-53　图表构造图

图 6-54 中的三个图表样式美观，绘制方法也很简单，由两个扇形组成，在绘制百分比图表时可以应用此类图形。

图 6-54　两个扇形构成的图表

6.3.4 个性图表的仿制

在浏览网页、报告遇到比较漂亮的个性图表时，随时保存下来，当需要时，可以信手拈来作为制作 PPT 的素材，如图 6-55 所示是一个颜色丰富的饼状图。

将图 6-55 中的图表搬到 PPT 中就成了一个非常简洁新颖的关系图表，如图 6-56 所示。需要注意的是，不能将网络图表生搬硬套至 PPT 中，要根据页面的整体设计和内容关系来衡量该图表是否适合自己的 PPT，否则画面很容易产生生硬感。

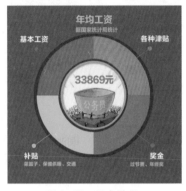

图 6-55 图表样式

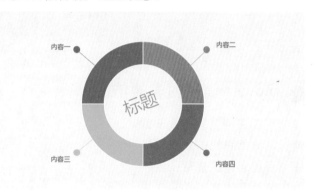

图 6-56 PPT 关系图表

6.3.5 个性图表的创新

不是网络上所有的图表都可以直接拿来使用，当某一个图表类型非常符合 PPT 的设计，但直接使用又不合适时，就要对图表进行个性化的创新，使之能融入到我们的 PPT 中。

以下两幅图表差异很大，其实图 6-58 是笔者根据图 6-57 的形状所激发的灵感进行的创新设计，而图 6-57 则是笔者从百度中偶然发现的。

图 6-57 网络图表

图 6-58 创新后的图表

6.3.6 根据灵感大胆尝试

在素材的不断积累中，也会提升我们的创作灵感，在制作图表时，也可以根据个人的灵感自己绘制图表，往往会有意想不到的效果。如图 6-59 完全是根据笔者突然蹦出的灵感所设计的图表，简洁清爽。

图 6-59　根据灵感设计的图表

6.3.7　模块灵活摆放形成图表

同样的图形模块，可通过灵活摆放，或适度改变大小来形成非常美观的图表。如图 **6-60**
和图 **6-61** 所示。类似的图表，由于摆放位置不同，完全是两个不同的效果。

<table>
<tr><td>图 6-60　分散型</td><td>图 6-61　紧凑型</td></tr>
</table>

6.3.8　引入图片的图表设计

我们在设计图表的过程中，可以根据版面的需求，灵活地引入图片，让表达更直观！
如图 **6-62** 所示，方法在上一节已作详细介绍。

图 6-62　引入图片设计图表

6.4 典型案例

因实际工作的需求不同，图表的形式也是各式各样，千变万化。而内涵丰富、形式多样的图表又能给予我们无限启发。

6.4.1 并列关系图表

并列关系是指所有对象都是平等的关系，按照一定的顺序一一列举出来，没有主次之分，没有轻重之别。并列关系的几个对象在大小、形状等方面要保持一致，如：大小要相同或有一定的规律（如空间规律）；形状一般相同。所以，在绘制并列关系图表时，只需要制作一个，复制、更改颜色即可。

并列关系图表案例如图 6-63 所示。

由以上案例可以看出，生命、金钱、资源、债务、财富这五个模块大小、形状一致，相互属于并列关系，五个模块颜色的不同展示出要表达的是不同领域的内容，也使页面色彩更丰富、生动。

图 6-63　并列关系图表 1

再来看下面的一个案例，该案例讲的是聪明人、明白人、糊涂人、愚蠢人四种人有不同的健康管理理念，相互属于并列关系，背景颜色简单，故而使用了多种色彩点缀模块，如图 6-64 所示。另外，新颖的模块样式也增强了整个 PPT 的设计感。

图 6-64　并列关系图表 2

6.4.2 递进关系图表

递进关系是指几个对象之间呈现层层推进的关系，主要强调先后顺序和递增趋势，包括时间上的先后、水平的提升、数量的增加、质量的变化等。

递进关系图表案例如图 6-65 所示。

该案例是典型的递进关系图表，首先进行需求分析及目标确定，再进行纲要及逻辑的设定，最后进行定版及修订，内容上表现了层层递进的关系。

一般递进关系图是通过箭头指向显示递进趋势，结合页面的具体设计，可以更改颜色及样式，使图表能更好地融入到 PPT 中。再看下面的一个案例，该案例和上一案例中递进关系图表表现类似，不同之处在于文本内容放置在箭头内，图表简洁美观，同时颜色的添加也更能吸引观众的注意力，如图 6-66 所示。

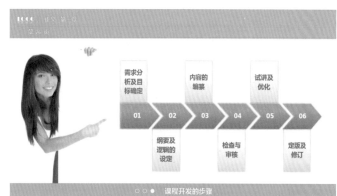

图 6-65　递进关系图表 1

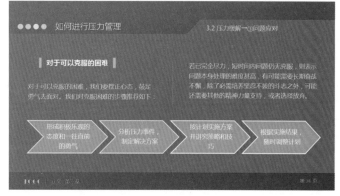

图 6-66　递进关系图表 2

6.4.3 循环关系图表

循环关系图表是指几个对象按照一定的顺序循环发展的动态过程，强调对象的循环往复。循环是一个闭合的过程，通常用循环指向的箭头去表示，有时候对象本身就是箭头。

循环的过程一般较复杂，所以在制作图表时，尽可能去除无关紧要的元素，尽可能把循环对象凸显出来，并保持画面一目了然。

循环关系图表案例如图 6-67 所示。

图 6-67　循环关系图表 1

该案例是循环关系图较常使用的形式，而独特的变体箭头使得整个图表时尚美观，文本的方向设置和箭头的指向协调一致，中间圆形框的应用让页面规整有序。

再来看下面的例子，该案例是循环关系图表的另一种表现形式，通过文本上方的回流箭头表现出整个图表的循环关系，要比传统的循环图表设计更新颖，页面的排版也更美观，如图 6-68 所示。

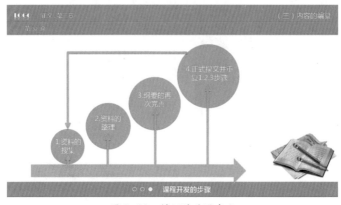

图 6-68　循环关系图表 2

6.4.4　因果关系图表

因果关系图表的展示并没有以上几种关系图表这么直观，往往需要通过文字的含义确认其因果关系。

比如下面的例子，有承接词"故而"可以看出左边相对较小的箭头是"因"，右边大箭头是"果"，如图 6-69 所示。

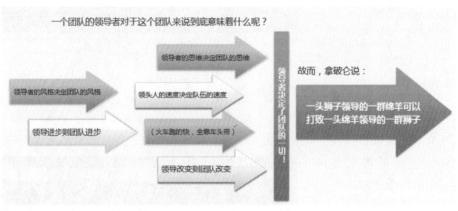

图 6-69　因果关系图表

6.4.5　数字信息图表

数字信息图表主要包含图表、数字信息及文字叙述，因其简洁直观、形式多样的特点在 PPT 制作中应用非常广泛，如图 6-70 和图 6-71 所示。

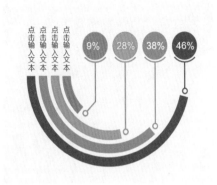

图 6-70　数字关系图表 1

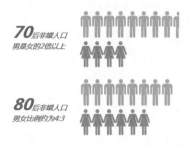

图 6-71　数字关系图表 2

6.4.6　时间线

　　PPT 中绘制时间线首先要绘制一个时间轴，其次要在时间轴上标注出主要的时间区间，一端的箭头表示时间的发展趋势。需要文字叙述的添加文本即可，如图 6-72 所示。

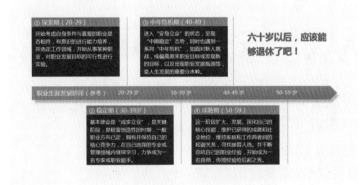

图 6-72　时间线

07

图表从此与众不同

对于一些需要用数据说话的 PPT 来讲，图表有着举足轻重的地位，使用图表可以让数据更直观，能提高观众的浏览兴趣，不易让阅读者产生疲惫感。PowerPoint 软件提供了强大的图表功能来满足用户的各类需求。本章并不讲解一般图表的插入与编辑，而是重点介绍如何设计出一些另类的个性图表。

主要包括如下内容：

柱形图与条形图设计　　　　　　　　　　环形图设计

折线图与面积图设置　　　　　　　　　　饼图设计

7.1 另类柱／条形图巧实现

柱形图、条形图是指用柱形或条形图案来表示数据变化的图示模式，该类图表往往用于素雅而干净的画面里。

7.1.1 管状填充

柱形图和条形图是 PPT 图表制作中应用最为广泛的图表类型之一，根据表格中的数据绘制，通过柱形的长短，直观地看出数据的大小。

插入图表的方式是，切换至"插入"菜单，在"插图"选项组中单击"图表"选项，如图 7-1 所示。在弹出的对话框中根据实际情况选择合适的"柱形图"或"条形图"即可，如图 7-2 所示。

图 7-1　"图表"选项

图 7-2　"插入图表"对话框

至于传统的图表制作过程，这里不准备做详细的介绍，本章主要是对一些流行图表的制作过程进行分析。首先来看如图 7-3 所示的案例，该图表实际上是通过对柱形图的一些图表选项进行设置实现的，其实现步骤如下。

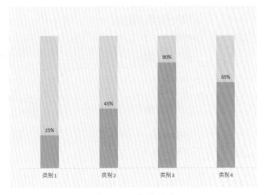

图 7-3　效果图表

第一步，执行"插入"|"插图"|"图表"菜单命令，插入一个"簇状柱形图"并编辑相应数据，并将"系列 1"颜色更改为"白色，深色 15%"，"系列 2"颜色更改为"绿色"，如图 7-4 和图 7-5 所示。

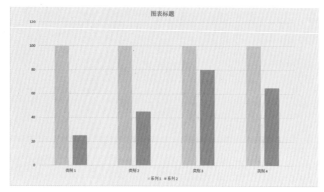

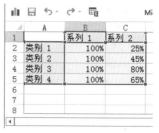

图 7-4 插入图表

图 7-5 图表数据

第二步，修改图表元素，去除不必要的内容，包括标题和纵坐标等，右键单击图表，在弹出的快捷菜单中取消选择相应的内容即可，操作方法如图 7-6 所示，效果如图 7-7 所示。

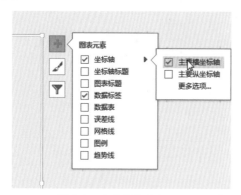

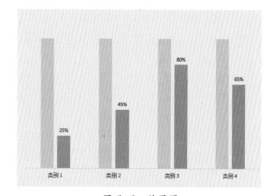

图 7-6 修改图表元素

图 7-7 效果图

第三步，选中"系列 2"，单击右键，在弹出的快捷菜单中选择"设置数据系列格式"，在"设置数据系列格式"窗格的"系列选项"选项中，将"系列重叠"更改为"100%"。最后修改字体大小及颜色，即可绘制出案例图表，如图 7-8 和图 7-9 所示。

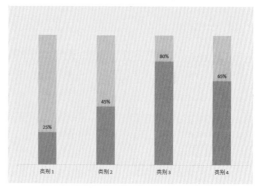

图 7-8 设置"系列重叠"

图 7-9 效果图

请读者自行完成图 7-10 的效果。

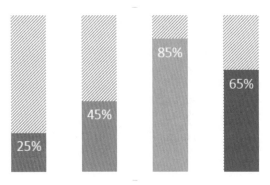

图 7-10　柱形图例

7.1.2　图案填充

图案填充是选用图表以外的图案，用这种图案来代替原图表中的图形，达到与图表和谐统一的效果。

显然，图表的美化并没有唯一确定的标准。PPT 的使用场景以及版式风格的不同，图表的式样也会有不同的美化方向。

接下来，讲述如何通过图 7-11 和图 7-12 中图表素材和图表的组合，制作出个性化的图表。

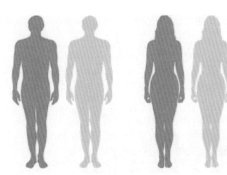

图 7-11　图片素材

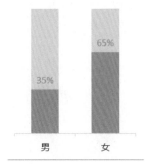

图 7-12　图表

第一步，分别选择图表的系列，通过右键快捷菜单打开"设置数据系列格式"窗格，选中"图案或纹理填充"，两组图表由两组图片分别填充，如图 7-13 和图 7-14 所示。

图 7-13　设置"图片填充"

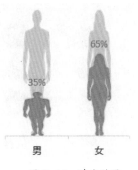

图 7-14　填充效果

第二步，选中绿色区域图表，设置填充模式为"层叠"，如图 7-15 和图 7-16 所示。

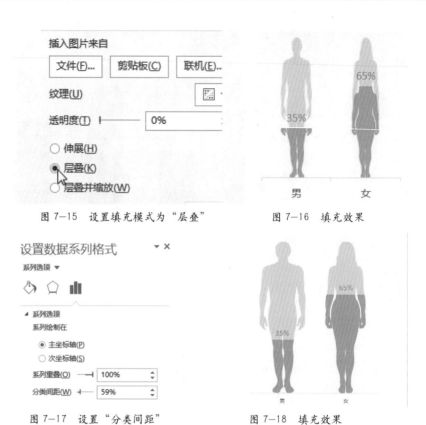

图 7-15　设置填充模式为"层叠"

图 7-16　填充效果

第三步，在"设置数据系列格式"窗格的"系列选项"选项中，调整"分类间距"，直至显示完整人物剪影，如图 7-17 和图 7-18 所示。

图 7-17　设置"分类间距"

图 7-18　填充效果

如图 7-19 和图 7-20 所示的两个图表也是图案填充，相较于柱形图和条形图，效果更直观。

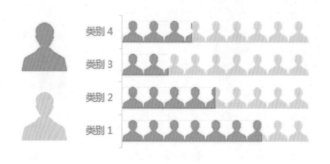

图 7-19　图表一

图 7-20　图表二

7.1.3　巧用堆积柱形图

通过堆积柱形图的巧妙使用，使图表的表现形状不再拘泥于矩形，让图表变得更生动美观。下面讲述如图 7-21 所示的图表实现的方法。

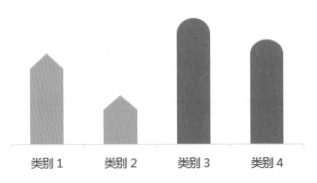

图 7-21　图表示例

第一步，执行"插入"|"插图"|"图表"菜单命令，插入一个"堆积柱形图图表"，编辑数据，设置顶端部分为统一大小或比例，删除标题等不必要部分，并更改颜色，如图 7-22 和图 7-23 所示。

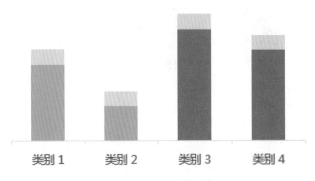

图 7-22　设置"分类间距"

	系列 1	系列 2
类别 1	55%	11%
类别 2	25%	11%
类别 3	80%	11%
类别 4	65%	11%

图 7-23　填充效果

第二步，将决定顶端形状的图形粘贴到对应位置，注意待插入的图形需要先设置好相应的颜色，如图 7-24 和图 7-25 所示。

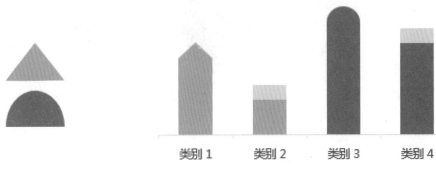

图 7-24　待插入图形　　　　　　　　　　图 7-25　填充效果

创意饼图制作大揭密

饼图的设计方法也可以是多样化的，要想绘制一个让观众接受度高的饼图，不能局限于仅仅绘制一个闭合的圆形。通过和不同类型的图形搭配，便可以构成一幅设计感十足的饼图图表。

7.2.1 灰色圆底搭配饼图

灰色圆形几乎是个百搭图形，和饼图搭配之后，通过设置两个模块的大小会形成不一样的效果，如图 7-26 所示。

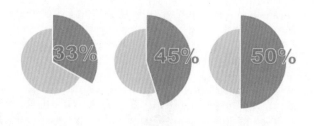

图 7-26　灰色圆底搭配饼图

以图 7-26 中的第二个图表为例，把图表分解来看，由灰底圆、主体扇区、数字标签三部分组成，如图 7-27 所示。

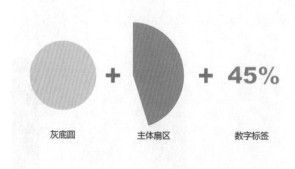

图 7-27　图形分解

第一步，先绘制主体扇区，首先通过"插入"|"插图"|"图表"菜单命令，插入一个"饼图"，编辑数据，除去图表区不必要的部分，如图 7-28 和图 7-29 所示。

第二步，作颜色设置，55%的扇形区域及边框设置为"无色"，45%的区域设置为"绿色"，边框设置为"白色"，至此主体扇区已绘制完成。如图7-30所示。

图7-28　插入饼图　　　　　　　　图7-29　编辑数据　　　　　　图7-30　绘制主体扇区

第三步，绘制灰底圆及数字标签，组合至一起，即可完成案例图表。

7.2.2　灰色同心圆环搭配饼图

下面讲述图7-31中的几个图表是如何由同心圆加上饼图实现的。

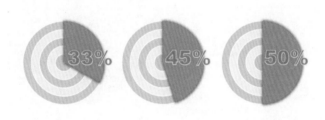

图7-31　图表示例

该图表是由灰底同心圆环、主体扇区和数字标签组成，以45%的图表为例，主体扇区在上一节已详细介绍过，本节重点讲述灰底同心圆环的绘制过程。

第一步，通过"插入"|"插图"|"图表"菜单命令，插入圆环图，删除不必要部分。如图7-32和图7-33所示。

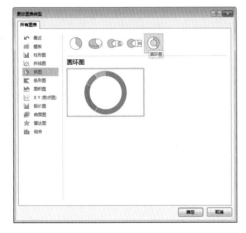

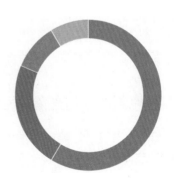

图7-32　插入图表　　　　　　　　　　图7-33　插入图表效果

第二步，修改图表数据，如图 7-34 所示，效果如图 7-35 所示。

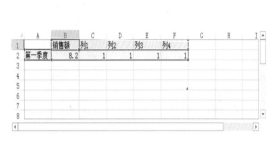

图 7-34　增加四个系列数据

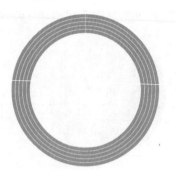

图 7-35　效果图

第三步，在"设置数据系列格式"窗格的"系列选项"中，更改"第一扇区起始角度"为"30°"，"圆环图内径大小"为"0%"，如图 7-36 和图 7-37 所示。

图 7-36　设置系列选项

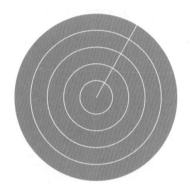

图 7-37　效果图

第四步，修改各系列圆环着色，如图 7-38 所示，最后和主体扇区以及数字标签组合即可完成案例图表。

图 7-38　圆环图重新着色

7.2.3　扇形与环形图表组合设计

两种图表组合设计让绘制好的图表同时包含两种组合图表的特点，这种混搭的风格也提高了 PPT 页面的美观度，实现了一加一大于二的效果。

如图 7-39 所示的图形由扇形图与环形图组合而成，以 45% 图表为例，具体操作步骤如下。

图 7-39　图表示例

第一步，插入饼图和圆环图的组合，如图 7-40 所示。

图 7-40　插入图表对话框

第二步，删除系列三，更改圆环、扇区数据及颜色，饼图 55% 扇形区域颜色更改为"无色"，45% 扇形区域颜色更改为"绿色"，圆环图颜色更改为"灰色"，如图 7-41 和图 7-42 所示。

图 7-41　更改数据

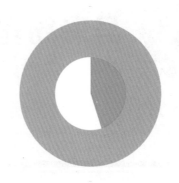

图 7-42　效果图

第三步，改变圆环内径至合适宽度，选中扇形区，单击右键，在弹出的"设置数据点格式"窗格的"系列选项"中，选中系列绘制在"次坐标轴"，如图 7-43 和图 7-44 所示。

图 7-43　设置系列选项

图 7-44　效果图

第四步，添加数据标签，即可完成案例中的图表。

请读者自行做出如图 7-45 所示的图表效果。

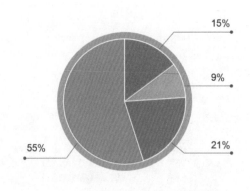

图 7-45　效果图

7.3　异彩纷呈的环形图

环形图和饼图类似，也是用来显示部分与整体的关系，同样，简单插入一个环形图表会显得太过单调、太过生硬。和其他图形的搭配设计可以让形式单调的环形图变得丰富多彩起来。

7.3.1　圆环图表与灰底圆的组合

上一节中讲到灰底圆和饼图的完美搭配，那么和圆环图表组合会带来什么样的效果呢？

如图 7-46 所示的案例，图表类型是圆环图和灰底圆的组合，这种数据的表现方式比单一的圆环图表现更美观时尚。

图 7-46　圆环图和灰底圆的组合

图 7-47 是 63% 图表的分解图，设计要点是主体图表设置 37% 的环形区域及边框为无色，63% 的区域设置为目标颜色，边框为无色。

灰底圆的颜色填充选用的是渐变填充，读者可以自行绘制该案例图表。

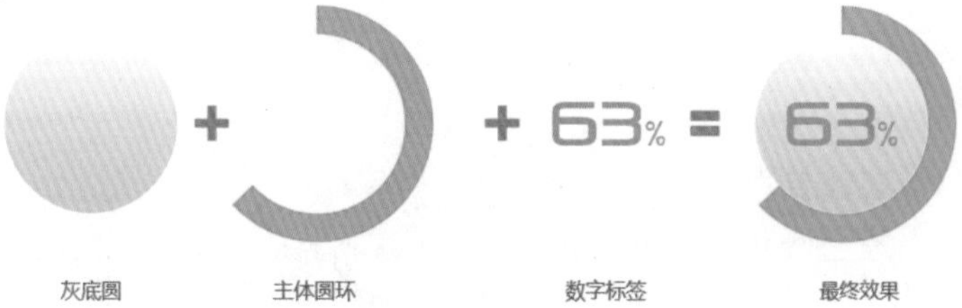

灰底圆　　　　主体圆环　　　　数字标签　　　　最终效果

图 7-47　分解示意图

第一步，首先绘制一个圆环图，删除不必要的部分，编辑数据，如图 7-48 和图 7-49 所示。

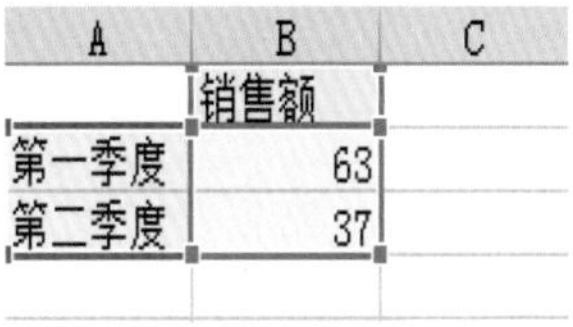

A	B	C
	销售额	
第一季度	63	
第二季度	37	

图 7-48　编辑数据

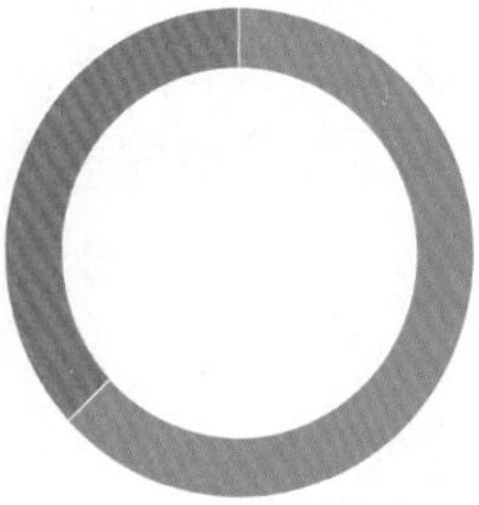

图 7-49　绘制圆环图

第二步，将图表中"37%"部分的颜色设置为"无色"，"63%"部分的颜色设置为"绿色"，最后绘制相应的灰底圆及数字，如图 7-50 和图 7-51 所示。

图 7-50　设置颜色　　　　　　　图 7-51　完成绘制

7.3.2　圆环图表与圆框组合

圆环图表和圆框搭配的时尚设计给观众一种规整自然的感觉，此时圆框主要是点缀的作用，线条较细、颜色稍暗一些才能凸显图表主体，否则会有喧宾夺主之意。

图 7-52 是圆环图标和圆框组合的典型案例，请读者自行完成这个图表。

该类型的图表由两个圆环和背景圆框组成，为了确保数据的准确性，将其中一个圆环由圆环图表代替。

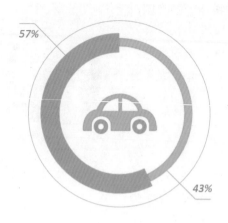

图 7-52　图表示例

设计要点：

橙色圆环为图表圆环，圆环 43% 的部分设置为透明色、57% 的部分保留橙色、边框设置为无色；灰色及绿色圆框为辅助圆；辅以指引线和汽车图标，详见如图 7-53 所示的图表分解图。

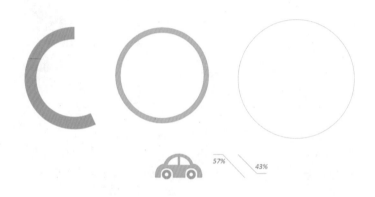

图 7-53　分解示意图

7.3.3　时尚流行多环设计

圆环图的每一环代表一个数据系列，多环的设计需要注意整个图表的规整有序，比如设置为统一颜色、起始角度相同。请读者尝试做出如图 7-54 所示的图表效果。

设计要点：

参照前面辅助灰色同心圆环的设置方法，设置三个同心圆环，第一扇区起始角度设为"90°"，除目标环形区外，其余环形区内部及所有边框设置为"无色"，最后辅以中心图形及数字标签。

图 7-54　图表示例

7.3.4　圆环与 77% 透明度黑色圆环的组合

　　圆环图表和设有透明度的圆环组合到一起，为整个图表赋予了层次感，简单的点缀给人与众不同的感觉。有兴趣的读者朋友可以尝试做出图 7-55 所示的图表效果。

图 7-55　图表示例

　　设计要点：

　　插入圆环图，按照比例设置圆环并着色；绘制黑色圆环,透明度设置为"77%"；圆环图及透明圆环居中组合，调整主圆环或辅助圆环的内径重合；辅以数据标签及图标，如图 7-56 所示为案例分解图。

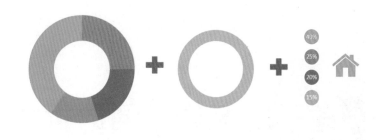

图 7-56　分解示意图

7.3.5　圆环与小三角形组合

　　圆环图表和点缀形状的搭配显示了创意的无处不在。请读者自行做出如图 7-57 所示的图表效果。

图 7-57　图表示例

设计要点：

插入圆环图，按照四等分比例设置圆环并重新着色；设置圆环第一扇区起始角度为"45°"、圆环图分离程度为"2%"、圆环图内径大小为"60%"；绘制同样大小的等腰三角形四个，着色后放置到相应位置；辅以图标或文字，如图 7-58 和图 7-59 所示。

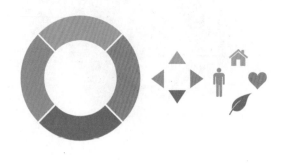

图 7-58 分离图

图 7-59 设置系列格式

7.4 与众不同的折线图与面积图

折线图和面积图是两种比较特殊的图表，将同一系列的数据在图中表示成线或面，适用于显示某段时间内数据的变化及其变化趋势。本节主要讲述折线图的美化以及与面积图的组合能达到的效果。

7.4.1 普通折线图的美化

插入一个图表后，默认的效果往往不适合我们的PPT，这就需要对图表进行相应的美化，使其在表达作者思想的同时也能向观众展示一幅时尚美观的画面。

如图 7-60 所示的图表效果，实现步骤如下。

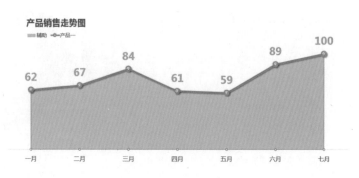

图 7-60 图表示例

第一步，执行"插入"|"插图"|"图表"菜单命令，插入一张图表，编辑数据，增加辅助数据一列，数据和要展示的数据相同，如图 7-61 所示。

第二步，更改图表类型为组合图表，设置辅助数据展示为"面积图"，"产品一"设置为"带数据标记的折线图"，如图 7-62 所示。

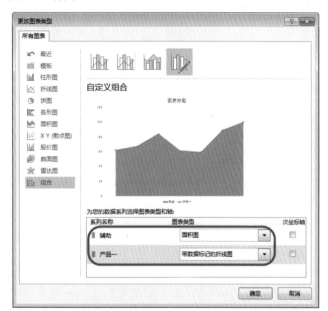

	A	B	C
	月份	辅助	产品一
	一月	62	62
	二月	67	67
	三月	84	84
	四月	61	61
	五月	59	59
	六月	89	89
	七月	100	100

图 7-61　编辑数据　　　　　　　　　　　图 7-62　更改图表类型

第三步，打开折线图的"设置数据系列格式"窗格，单击"标记"按钮，在"数据标记选项"中，选中"内置"，类型为"圆形"，大小设置为"11"，如图 7-63 和图 7-64 所示。

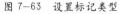

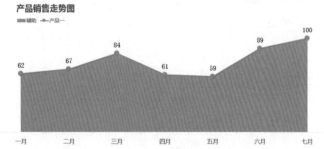

图 7-63　设置标记类型　　　　　　　　　图 7-64　效果图

第四步，分别设置折线图标记的填充和轮廓颜色以及面积图填充部分的颜色，并设置数字标签，即可完成案例图表。

7.4.2　带标记的堆积折线图与堆积面积图组合

折线图和面积图的组合能直观地表现出每一系列的数据走势，同时还能展现出多个系列的总和及相应的数据走势，所以，这种组合图表直观的表现方式也更容易让观众接受，如图 7-65 所示。

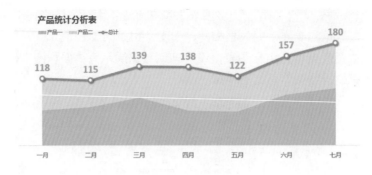

图 7-65　图表示例

第一步，通过"插入 - 插图"选项组，插入一张图表，修改数据及文字，如图 7-66 所示，总计可以设成公式。

第二步，更改图表类型为组合图表，设置"产品一"、"产品二"为堆积面积图，总计设为"带标记的堆积折线图"，删除纵坐标轴、网格线等不必要部分，如图 7-67 和图 7-68 所示。

月份	产品一	产品二	总计
一月	62	56	118
二月	67	48	115
三月	84	55	139
四月	61	77	138
五月	59	63	122
六月	89	68	157
七月	100	80	180

图 7-66　编辑数据

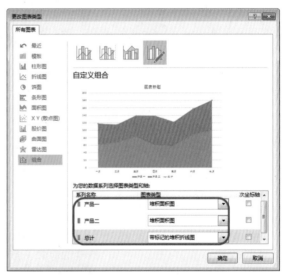

图 7-67　更改图表类型

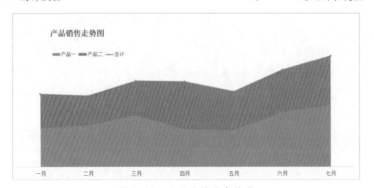

图 7-68　设置后的图表效果

第三步，设置折线、面积填充部分的颜色及折线阴影即可完成案例图表。

08

眩目动画的实现

在 PPT 中加入适当的动画效果，可以让页面元素体现出动感的画面效果，以达到吸引阅读者注意力、增加浏览者阅读兴趣的效果。精美的页面设计，如果再加上合理恰当的动画运用，就会使 PPT 变得更加完美。本章不再从零开始讲解动画的运用，而是从动画的个性设置、单个对象的组合设计以及多个对象的组合设计几个方面进行阐述，旨在让读者掌握 PPT 的精髓，从而能够制作出不一样的动画效果。

本章主要讲述以下几方面的内容：

简单动画的个性设置　　　单个对象的组合设计　　　多个对象的组合设计

8.1 简单动画的个性设置

每个动画由于方向、动画文本、延迟时间等因素的不同，效果也是千变万化的，设计者要根据 PPT 页面的设计配置合适的个性动画。

 ## 8.1.1 基本缩放的"按字母"发送效果

基本缩放是进入 / 退出常用的动画效果，其缩放效果和动画文本等又有多种选择，本节主要讲解"按字母"发送的动画效果。

选中文本框，切换至"动画"菜单，单击"动画"选项组右侧的"其他"按钮展开动画列表，查看在弹出的列表中"进入"动画中是否有"基本缩放"选项，若没有该选项，可以在列表下方单击"更多进入效果"命令，然后在打开的"更改进入效果"对话框中选择"基本缩放"即可，如图 8-1 和图 8-2 所示。

在"高级动画"选项组中单击"动画窗格"选项，在右边的窗格中会出现本页面设置的动画明细，右键单击该条动画设置，在弹出的快捷菜单中选择"效果选项"选项。如图 8-3 所示。

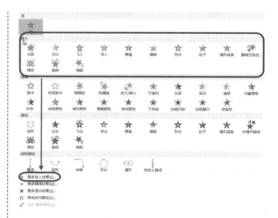

图 8-2　选择动画

图 8-1　选择文本

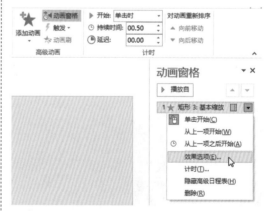

图 8-3　选择菜单命令

在弹出的"基本缩放"对话框中的"效果"页面，"缩放"设置为"从屏幕底部缩小"，

"动画文本"设置为"按字母",然后切换至"计时"页面,"期间"设置为"非常快(0.5 秒)",然后单击"确认"按钮。即可实现按字母方式由屏幕底部向上逐渐增大至设置字体,如图 8-4 和图 8-5 所示。

另外,除了"从屏幕底部缩小"的缩放方式,还有"放大"、"从屏幕中心放大"、"轻微放大"等方式。"动画文本"效果除了"按字母"方式,还有"整批发送"、"按字/词"方式。如图 8-6 和图 8-7 所示。

图 8-4 设置基本缩放效果选项

图 8-6 其他缩放效果

图 8-5 设置基本缩放计时选项

图 8-7 其他动画文本效果

8.1.2 飞入的"平滑结束"和"按字母"发送效果

选中文本框,在"动画"菜单项的"动画"组中单击"其他"按钮,在弹出的列表中选择"进入"动画中的"飞入"动画,如图 8-8 所示。单击动画框右边的"效果选项"选项,在出现的下拉菜单中选择"自顶部"按钮,如图 8-9 所示。

打开"动画窗格",在对应的动画明细中单击右键,在弹出的快捷菜单中选择"效果选项"选项。在弹出的"飞入"对话框中进行各项设置,如"平滑结束"设置"0.5 秒","动画文本"设置"按字母","期间"设置为"非常快(0.5 秒)",即可完成文本按字母方式平滑飞入的动画效果,如图 8-10 和图 8-11 所示。

图 8-8　选择文本

图 8-9　选择菜单项

图 8-10　设置平滑结束和动画文本效果

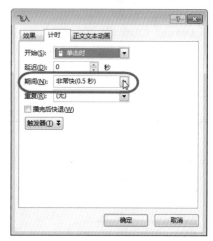

图 8-11　设计期间计时

另外，飞入的方向也可以在"飞入"对话框中设置，可选择不同方向的飞入效果。

8.1.3　飞入的"弹跳结束"和"按字母"发送效果

根据上一节案例，在"飞入"对话框中设置"弹跳结束"为"0.32 秒"，动画文本设置为"按字母"，"期间"设置为"非常快（0.5 秒）"，即可实现文本自顶部按字母弹跳结束的动画效果，如图 8-12 所示。

同时也可以按上一节的操作方法设置"飞入"的方向，可以实现不同方向的弹跳飞入效果。

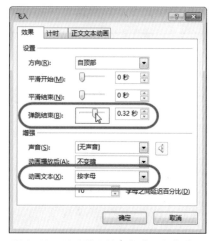

图 8-12　设置弹跳结束和动画文本效果

8.1.4 动作路径的"重复"和"自动翻转"效果

动画效果可以使 PPT 活跃起来，请读者思考，如何能让图 8-13 中的房屋图片在矩形框中不停地平行移动？（动画效果见本章源文件"PPT 动画初步 .pptx"第 7 页）

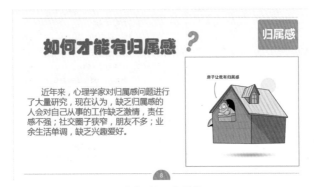

图 8-13 效果图

第一步，选中文本框，在"动画"菜单中展开"动画"列表，在弹出的下拉列表中选择"直线"选项，如图 8-14 和图 8-15 所示。

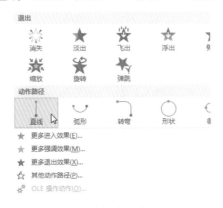

图 8-14 选择动画路径

图 8-15 选择文本框

第二步，单击"动画"选项组中的"效果选项"选项，在下拉列表中选择"靠左"，选中图片上的红色圆点并拖动至合适位置，使图片的移动范围在橙色矩形框以内，如图 8-16 和图 8-17 所示。

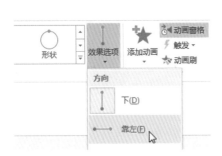

图 8-16 选择靠左命令

图 8-17 拖动图形

第三步，打开"动画窗格"，在"动画窗格"中右键单击该动画明细，在弹出的下拉菜单中选择"效果选项"，弹出"向左"对话框。在对话框中的"效果"页面，选中"自动翻转"，切换至"计时"页面，"期间"手动设置为"1.5 秒"，"重复"选择"至到幻灯片末尾"，最后单击"确认"按钮，即可完成图片的来回移动的动画效果，如图 8-18 和图 8-19 所示。

图 8-18　设置向左效果选项

图 8-19　设置向左计时选项

单个对象的组合设计

PPT 提供了许多现成的动画效果，但有时在显示一些需要强调的文本或图片时，本身提供的效果还不够丰富和震撼，所以，PPT 动画的组合应用，让文字或图片更有冲击力。

8.2.1　"缩放"和"陀螺旋"的组合

"缩放"是进入效果，"陀螺旋"是增强效果，两种动画的结合会使对象在缩放进入的同时又有陀螺旋的效果（动画效果见本章源文件"PPT 动画初步 .pptx"第 10 页），操作步骤如下。

第一步，选中指定对象，设置进入动画为"缩放"，然后在"缩放"对话框中的"效果"选项卡设置"消失点"为"幻灯片中心"；切换至"计时"页面，"开始"设置为"上一动画之后"，"期间"设置为"非常快（0.5 秒）"，然后单击"确认"按钮。如图 8-20 ～图8-23 所示。

图 8-20　选择对象

图 8-21　选择缩放效果

图 8-22　设置缩放效果选项

图 8-23　设置缩放计时选项

第二步，选中对象，切换至"动画"菜单，单击"高级动画"选项组中的"添加动画"选项，在弹出的下拉菜单中选中"强调"动画下方的"陀螺旋"选项。此时，"动画窗格"中会出现两行动画设置，如图 8-24 和图 8-25 所示。

图 8-24　选择动画效果

图 8-25　动画窗格

右键单击强调动画，在弹出的快捷菜单中选择"效果选项"命令，在弹出的"陀螺旋"对话框中的"计时"页面，"开始"项设置为"与上一动画同时"，"期间"项设置为"非常快（0.5 秒）"，如图 8-26 和图 8-27 所示。即可完成"缩放"和"陀螺旋"两种动画的组合效果。

图 8-26　设置陀螺旋计时选项

图 8-27　动画窗格

另外，强调动画"陀螺旋"也可以和"飞入"动画组合（动画效果见本章源文件"PPT 动画初步 .pptx"第 11 页）。

8.2.2　"缩放"和"放大 / 缩小"的组合

如何能让图 8-28 中的"心"型图案有砰砰跳动的效果？这种效果可以由进入动画"缩放"和强调动画"放大 / 缩小"的组合来实现（具体的动画效果详见本章源文件"PPT 动画初步 .pptx"第 12 页）。

图 8-28　动画效果图

第一步，选中图片，设置进入动画为"缩放"，在"缩放"对话框中的"效果"页面，设置"消失点"为"对象中心"，然后切换至"计时"页面，"开始"项设置为"上一动画之后"，"期间"项设置为"非常快（0.5 秒）"，然后单击"确认"按钮，如图 8-29 和图 8-30 所示。

图 8-29　设置消失点效果

图 8-30　设置计时选项

第二步，单击"添加动画"选项，在弹出的下拉菜单中选择"强调"动画下方的"放大 / 缩小"动画，在"动画窗格"中打开"放大 / 缩小"对话框，"尺寸"在自定义栏中输入"80%"，然后按回车键。选中"自动翻转"，切换至"计时页面"，"开始"项设置为"与上一动画同时"，"期间"项手动输入"1.1 秒"，"重复"项选择"直到幻灯片末尾"，最后单击"确定"按钮即可，如图 8-31 和图 8-32 所示。

图 8-31　设置尺寸

图 8-32　设置计时期间项

8.2.3　"缩放"和多个"放大 / 缩小"的组合

以图 8-33 中的三幅图片为例，通过"缩放"和四个"放大 / 缩小"动画的组合能实现图片多次放大缩小的动画效果。如果将时间处理缩短，又可呈现快速变化的效果（具体的动画效果详见本章源文件"PPT动画初步 .pptx"第 14 页）。

图 8-33　动画效果图

第一步，选中最左边图片，设置进入动画为"缩放"，打开"动画窗格"，右键单击该条动画明细选择"效果选项"，弹出"缩放"对话框，或直接双击该动画明细也可以弹出"缩放"对话框。

将"消失点"设置为"对象中心"，切换至"计时"页面，"开始"项设置为"与上一动画同时"，"延迟"项设置为"0.5 秒"，"期间"项设置为"0.2 秒"，然后单击"确认"按钮，如图 8-34 和图 8-35 所示。

图 8-34　设置缩放效果选项

图 8-35　设置缩放计时选项

第二步，进入动画页设置完成，只需再添加四个强调动画，即两组"放大"、"缩小"的效果，每组"放"、"缩"延迟增加"0.1秒"，两组之间延迟增加"0.2秒"。如图8-36所示是已设置完成的动画明细，可以看出每个动画期间都比较短，且均设置了较短的延迟时间。

图 8-36　设置后的动画窗格

选中图片，单击"添加动画"，在"强调"动画下方选择"放大缩小"，即添加第一个"放大"动画，打开"放大/缩小"对话框，"尺寸"自定义为"110%"，"开始"为"上一动画同时"，"延迟"为"0.6秒"，"期间"为"0.1秒"，如图8-37和图8-38所示。

图 8-37　设置放大／缩小效果选项

图 8-38　设置放大／缩小计时选项

第三步，选中图片，再次添加一个"放大/缩小"的强调动画，打开"放大/缩小"对话框，"尺寸"定义为"90%"，"开始"项设置为"上一动画同时"，"延迟"设置为"0.7秒"，"期间"设置为"0.2秒"，如图8-39和图8-40所示。

图 8-39　设置放大／缩小效果选项

图 8-40　设置放大／缩小计时选项

第四步，开始设置第二组"放"、"缩"组合，放大缩小的尺寸比第一组小"5%"。选中图片，添加"放大／缩小"的强调动画，"尺寸"定义为"105%"，"开始"项设置为"上一动画同时"，"延迟"项设置为"0.9秒"，"期间"项设置为"0.1秒"，如图8-41和图8-42所示。

图 8-41　设置放大／缩小效果选项

图 8-42　设置放大／缩小计时选项

最后再次添加一个"放大／缩小"的强调动画，"尺寸"定义为"105%"，"开始"项设置为"上一动画同时"，"延迟"项设置为"0.9秒"，"期间"项设置为"0.1秒"，如图8-43和图8-44所示。

图 8-43　设置放大／缩小效果选项

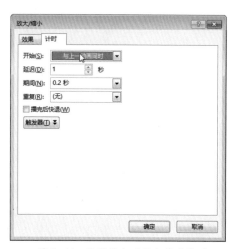

图 8-44　设置放大／缩小计时选项

第五步，将其他两张图片设置为和左图同样的效果，可以通过"动画刷"快速完成，选中已完成的左图，单击"高级动画"选项组中的"动画刷"选项，单击需要同样效果的第二张图片，即可完成相同的动画设置，用同样的方法设置最后一张图片，如图8-45和图8-46所示。

图 8-45　选择动画刷

图 8-46　复制动画

8.2.4　"淡出"、"飞入"和"陀螺旋"的组合

"淡出"、"飞入"和"陀螺旋"的组合是由两个进入动画和一个强调动画组合而成，前面讲解了"飞入"和"陀螺旋"的组合效果，本节所讲的动画效果是除了这两种组合效果之外，再融入"淡出"的进入效果（具体的动画效果详见本章源文件"PPT 动画初步 .pptx"第 15 页）。

如图 8-47 中的案例，将这三种组合动画应用在图片上，呈现出非常生动的动画效果。并设置适当的进入方向，每张图片的进入设置相差 0.1 秒的延迟时间，使整个PPT 动画不会显得生硬，而且画面非常有冲击力。为了方便讲解，图中标注出了每张图片的进入顺序。

图 8-47　动画效果

第一步，首先选中第一张图片，通过"动画 - 动画"选项组，设置进入动画为"淡出"，打开效果选项对话框，"开始"项设置为"与上一动画同时"，"期间"项设置为"1.25秒"，如图 8-48 所示。

图 8-48　设置"淡出"计时选项

第二步，再次选中第一张图片，单击"添加动画"，添加进入动画"飞入"，打开效果选项对话框，"方向"项设置为"自左下部"，"开始"项设置为"与上一动画同时"、"期间"项设置为"快速（1秒）"，如图 8-49 和图 8-50 所示。

图 8-49　设置飞入效果选项　　　　　　图 8-50　设置飞入计时选项

第三步，同样还是选中第一张图片，单击"添加动画"，添加强调动画"陀螺旋"。打开效果选项对话框，"开始"项设置为"与上一动画同时"、"期间"项设置为"快速（1秒）"，如图 8-51 所示。

与此同时，第一张图片的动画效果完成了，接下来再按照以上方法设置第二张图片。在对应的"淡出"对话框中，"开始"项设置为"与上一动画同时"，"延迟"项设置为"0.1秒"，"期间"项设置为"1.25秒"，如图 8-52 所示。

图 8-51　设置陀螺旋计时选项　　　　　图 8-52　设置淡出计时选项

"飞入"的动画效果设置如下。"方向"项设置为"自左侧"，"开始"项设置为"与上一动画同时"，"延迟"项设置为"0.1秒"，"期间"项设置为"快速（1秒）"，如图 8-53 和图 8-54 所示。

"陀螺旋"的动画效果设置如下。"开始"项设置为"与上一动画同时"，"延迟"项设置为"0.1秒"，"期间"项设置为"快速（1秒）"，如图 8-55 所示。

图 8-53　设置飞入效果选项

图 8-54　设置飞入计时选项

图 8-55　设置陀螺旋计时选项

　　用同样的方法设置剩下的图片动画，第三张图片比第二张图片动画延迟 0.1 秒，以此类推，第四张图片又比第三张图片动画延迟 0.1 秒，另外图片飞入的方向需要按图片位置合理设置。

　　第三张图片飞入方向为：自左下部。

　　第四张图片飞入方向为：自左上部。

　　第五张图片飞入方向为：自右部。

　　第六张图片飞入方向为：自右上部。

　　第七张图片飞入方向为：自顶部。

　　同样，动画退出也可以利用单纯动画的组合形成特别的效果，如图 8-56 所示案例，通过"缩放"、"基本旋转"、"中心旋转"三种动画的组合使后面两张无饱和度的图片呈现向下旋转退出页面的特别效果，这里就不再赘述（具体的动画效果

详见本章源文件"PPT 动画初步 .pptx"第16 页）。

图 8-56　案例效果

　　通过本节介绍的案例可以发现，不论一个动画多么复杂多么绚丽，它都是最简单的动作和时间处理的结合，需要重点掌握的是同一个对象不同动作的时间关系，即执行前后、延迟时间、动作长短及循环次数。

多个对象的组合设计

PPT 的一个页面中可以包含文本、图片、图表等多个模块，针对不同模块动画的组合设计，既突出个性，又协调统一，给观众带来强大的震撼效果。

8.3.1　多个相同对象相同动画的组合效果

如图 8-57 所示的案例，通过适当设置动画的延迟，可以使模块一个一个地推送，第二个模块的动画起始在第一个模块动画结束之前，自然连贯（具体的动画效果详见本章源文件 "PPT 动画初步 .pptx" 第 20 页）。

图 8-57　动画效果

页面六个模块可以设置为第一行和第二行相对连续推进的效果，动画起始于右上方模块，终止于右下方模块，如图 8-58 所示，箭头显示模块的动画路径。

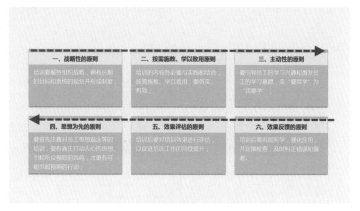

图 8-58　模块的动画路径指示

第一步，选中右上方模块，设置进入动画为"飞入"，打开效果选项对话框，"方向"项设置为"自左侧"，"平滑结束"项设置为"0.5 秒"，"开始"项设置为"上一动画之后"，"期间"项设置为"非常快（0.5秒）"，如图 8-59 和图 8-60 所示。

图 8-59　设置飞入效果选项

图 8-60　设置飞入计时选项

第二步，选中第二个模块，即第一行中间部位的模块，设置进入动画为"飞入"，打开效果选项对话框，与上一个模块动画不同的是"开始"项设置为"与上一动画同时"，"延迟"项设置为"0.2 秒"。

接下来，通过"动画刷"快速设置其他模块的动画，再对每个模块动画进行针对调整，每个动画延迟相差"0.2 秒"，即第三个模块的"延迟"应设置为"0.4 秒"，以此类推，最后一个模块"延迟"时间应为"1 秒"。另外，第二行模块进入方向统一更改为"自右侧"，才可以呈现和第一个相对进入的效果，图 8-61 为"动画窗格"中个模块动画明细。

图 8-61　动画明细

再来看图 8-62 中的案例，该案例是由多个"升起"动画分别延迟 0.15 秒形成的效果，这种组合的动作之美，恰如"千手观音"一样，是一种动作协调整齐之美。有兴趣的读者可以打开源文件进行分析查看，具体的动画效果详见本章源文件"PPT动画初步 .pptx"第 21 页。

图 8-62　动画案例

8.3.2 两组对象、两组动画的组合效果

图 8-63 中的案例是"上浮"和"下浮"两种动画巧妙组合形成的效果。标题动画为"上浮"，正文动画为"下浮"，且动画设置了延迟时间，呈现一种错落有致的效果，具体的动画效果详见本章源文件"PPT 动画初步 .pptx"第 22 页。

图 8-63　动画案例

为了方便记忆，笔者将标题从左到右命名为标题一、标题二和标题三，正文从左到右命名为正文一、正文二和正文三。

第一步，选中"标题一"，设置进入动画为"上浮"，并设置相应的参数，如图 8-64 和图 8-65 所示。

图 8-64　设置上浮效果选项

图 8-65　设置上浮计时选项

第二步，选中"正文一"，设置进入动画为"上浮"，并设置相应的参数，针对"正文一"设置"开始"项为"与上一动画同时"，"延迟"时间为"0.2 秒"，"期间"为"0.75 秒"，如图 8-66 所示。

第三步，选中"标题二"，设置进入动画为"上浮"，并设置相应的参数，针对"标题二"设置"开始"项为"与上一动画同时"，"延迟"时间为"0.1 秒"，"期间"为"非常快（0.5 秒）"，如图 8-67 所示。

图 8-66　设置正文延迟选项

图 8-67　设置标题二延迟选项

第四步，对于"正文二"的延迟时间设置为"0.3 秒"，"期间"设置为"0.75 秒"，如图 8-68 所示。

第五步，"标题三"的延迟时间设置为"0.2 秒"，"期间"设置为"非常快（0.5 秒）"，如图 8-69 所示。

图 8-68　设置正文二延迟选项

图 8-69　设置标题三延迟选项

第六步，"正文三"的延迟时间设置为"0.4 秒"，"期间"设置为"0.75 秒"，如图 8-70 所示。

从上述步骤中可以看出，各标题的延迟时间是 0.1 秒，正文的延迟时间也是 0.1 秒，且每个动画穿插进行，使整个 PPT 更有设计感，如图 8-71 所示是"动画窗格"中各模块的动画明细。

图 8-70　设置正文三延迟选项

图 8-71　动画明细

图 8-72 中的案例是"螺旋飞入"和"曲线向上"两种动画的组合,背景框和图片分别设置"螺旋飞入"和"曲线向上"两种动画,使 PPT 呈现生动丰富的效果。有兴趣的读者可以打开本章源文件"PPT 动画初步 .pptx"第 23 页进行分析制作,这里不再赘述。

图 8-72　动画案例

8.3.3　与图表形状和谐统一的组合动画效果

图表形状的动画设计也可以根据模块的动画来设置,例如图 8-73 所示的案例,将整个图表分为 5 个部分,圆形框和交叉箭头的组合形状以及四个文本。组合形状进入动画设置为"缩放",四个文本部分设置为不同方向的"飞入"动画,即可实现和谐统一的组合动画效果,具体的动画效果详见本章源文件"PPT 动画初步 .pptx"第 24 页。

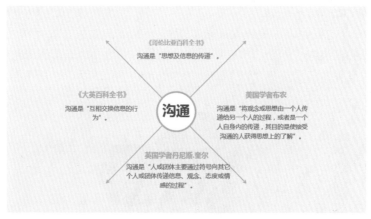

图 8-73　动画案例

第一步,选中组合形状,设置其进入动画为"缩放","消失点"设置为"对象中心",具体参数设置如图 8-74 和图 8-75 所示。

第二步,设置四个文本部分的进入动画为"飞入"效果,且"飞入"的方向和文本所在的方向相反,即上方的文本"飞入"方向设置为"自底部";下方的文本"飞入"方向设置为"自顶部";左方的文本"飞入"方向设置为"自右侧";右方的文本"飞入"方向设置为"自左侧"。使画面呈现出一种交错美,如图 8-76 和图 8-77 是上方文本的动画参数设置。

图 8-74 设置缩放效果选项

图 8-75 设置缩放计时选项

图 8-76 设置飞入效果选项

图 8-77 设置飞入计时选项

如图 8-78 所示的案例，也是体现图表和谐统一的动画效果。本案例外围六个六边形选用的动画是从相应方向飞入至页面，中间的六边形进入页面的动画有对象中心缩放效果。具体的动画效果详见本章源文件"PPT 动画初步 .pptx"第 25 页，这里不再赘述。

图 8-78 动画案例

8.3.4　此消彼长的动画效果

　　"此消彼长"的动画应用在 PPT 中是非常时尚的动画效果。需要注意的是"此"和"彼"要过渡自然生动，否则会大大影响画面的美观度。

　　如图 8-79 所示的案例，如何能让大五环和小五环展现此消彼长的动画效果呢？具体的动画效果详见本章源文件"PPT 动画初步 .pptx"第 26 页。

图 8-79　动画案例

　　第一步，选中大五环，设置进入动画为"缩放"，"消失点"为"对象中心"，"期间"为"0.2 秒"，如图 8-80 和图 8-81 所示。

图 8-80　设置缩放效果选项

图 8-81　设置缩放计时选项

　　第二步，同样选中大五环，单击"添加动画"，为大五环添加强调动画"放大 / 缩小"，尺寸设置为"120%"，"开始"项设置为"与上一动画同时"，"延迟"时间设置为"0.1秒"，"期间"设置为"0.2 秒"，如图 8-82 和图 8-83 所示。

　　再次选中大五环，单击"添加动画"，为大五环添加强调动画"放大 / 缩小"，尺寸设置为"90%"，"开始"项设置为"与上一动画同时"，"延迟"时间为"0.2 秒"，"期间"设置为"1.3 秒"。

图 8-82 设置放大／缩小 效果选项

图 8-83 设置放大／缩小计时选项

　　第三步，设置大五环向左移动，单击"添加动画"，为大五环添加动作路径为"直线"，方向向左，"平滑开始"设置为"0.25 秒"，"平滑结束"设置为"0.25 秒"，"开始"设置为"上一动画之后"，"期间"设置为"非常快（0.5 秒）"，如图 8-84 和图 8-85 所示，效果如图 8-86 所示。

图 8-84 设置向左效果选项

图 8-85 设置向左计时选项

图 8-86 设置后效果

第四步，接下来的动画效果是大五环消失、小五环出现的效果，首先继续为大五环添加退出动画"缩放"，"消失点"设置为"对象中心"，"开始"项设置为"与上一动画同时"，"期间"设置为"非常快（0.5 秒）"，如图 8-87 和图 8-88 所示。

图 8-87　设置缩放效果选项

图 8-88　设置缩放计时选项

第五步，选中小五环，设置进入动画为"缩放"，"消失点"设置为"对象中心"，"开始"项设置为"与上一动画同时"，"延迟"设置为"0.2 秒"，"期间"设置为"非常快（0.5 秒）"，完成整个动画的制作。

09

PPT 辅助技能

借助前面章节介绍的技能，已经可以制作出精美实用的 PPT 了，本章继续介绍一些图形和图像处理相关的知识，这些内容有的会涉及到第三方软件，也都比较容易上手，会使 PPT 设计更锦上添花。

本章主要有以下几方面的内容：

有关图片的辅助技巧　　PNG 图片的获取　　可修改图形、图标的获取

有关图片的辅助技巧

前面章节中，我们已经对图片的编辑做了一些介绍，本章我们再补充一些操作技巧，如图片的快速收集、去除图片的"牛皮癣"等。

9.1.1　PPT 图片的快速收集

使用 PowerPoint 2013 版本制作的 PPT 文件，扩展名为 pptx，这是一种压缩格式的文件，比以前传统的 PPT 格式文件相对要小很多，原因是 PowerPoint 软件将一些图像进行了压缩单独保存。如果想快速提取 pptx 文件中的图像文件，方法很简单，只需要将 pptx 后缀改为 rar，然后进行解压缩就可以了，如图 9-1 所示。

图 9-1　更改文件名

在"文件名 \ppt\media"文件夹中找到原 PPT 所有图片，如有音频，也可以在此文件夹中找到。如图 9-2 所示。

图 9-2　图片存放路径

9.1.2 预设规格的图片裁剪

有时候需要对图片进行一定规格的裁剪，比如裁剪为 16:9 的规格，裁剪为几何形状等，都可以在 PowerPoint 软件中轻松实现。

▶ 1. 按比例裁剪

如果需要将图片按比例进行裁切，则可以在选中图片后，通过"格式"菜单项中的"裁剪"工具实现，单击"裁剪"工具后，选择纵横比，在展开的下级菜单中选择相应的比例即可，如图 9-3 和图 9-4 所示。

图 9-3　原始图片

图 9-4　选择裁剪比例

▶ 2. 裁剪为形状

前面章节中已经介绍了如何将图片裁剪为形状，这里再讲述如何制作一个正圆形的图片。

首先，通过图片"裁剪"选项下方的下拉箭头，选择"纵横比"为"1:1"，按住 Shift 键微调，裁剪出合适的图片，然后选择"裁剪为形状"，选择"圆形"即可得到圆形图片，如图 9-5～图 9-7 所示。

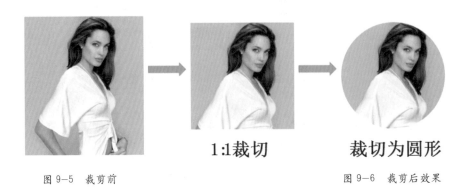

1:1裁切　　　　裁切为圆形

图 9-5　裁剪前

图 9-6　裁剪后效果

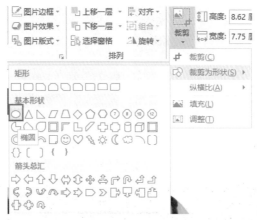

图 9-7　选择命令

9.1.3　去除图片"牛皮癣"

很多图片素材，都会有些许部分与目标 PPT 内容不一致，比如绿地上的一片落叶或人像、背景上的一段文字等，这在一定程度上会影响图片的美观，也有失专业性。下面给大家介绍一招实用的方法，就可以轻松去掉这些"牛皮癣"。

第一步，运行 Photoshop（这里以 Photoshop CC 版本为例，不管哪个版本，工具的使用方法都是一样的），打开图片文件，然后选择工具箱中的修补工具，如图 9-8 所示。

图 9-8　选择工具

第二步，使用该工具绘制一个小范围，将"牛皮癣"选中，如图 9-9 所示。

第三步，用鼠标将该选中区域移至要替换的区域，即可当"牛皮癣"轻松删除，相当于进行了一次"植皮手术"，如图 9-10 所示。

移除后的图片效果如图 9-11 所示。

图 9-9　选中要修改的区域

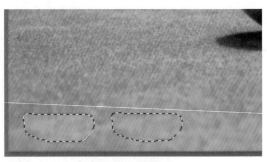
图 9-10　移动选区

图 9-11　处理后的结果

9.1.4　图片局部饱和度调整（PS）

图 9-12 和图 9-13 分别是一个目录页和过渡页，过渡页中"基本知识"和"用色要点"部分饱和度有调整，是怎么实现的呢？

其实方法很简单，同样可以通过 Photoshop 来实现，利用 Photoshop 调整局部的饱和度即可。

图 9-12　原图

图 9-13　饱和度调整后效果

第一步，先使用矩形框选择需要修改的部分，按住 shift 再用椭圆框补充选择。如图 9-14 所示。

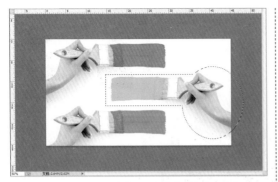

图 9-14 选择需要修改的部分

第二步，选择"图像"|"调整"|"色相/饱和度"菜单，调整饱和度为"-100"，如图 9-15 所示。

图 9-15 设置"色相/饱和度"

设置完成后的效果如图 9-16 所示。

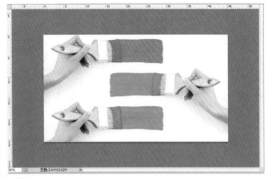

图 9-16 设置饱和度后的效果

在 PPT 中也可以改变图像的饱和度使图片变为黑白效果，但是无法实现局部改变，如图 9-17 所示。

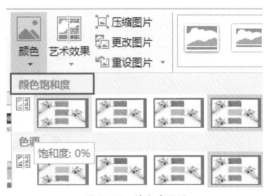

图 9-17 饱和度设置

9.1.5 纯色图片/图标颜色的修改

有时会遇到一些灰色图片素材，如果希望为这些素材添加上一定的颜色，则可以通过 Photoshop 的填充色功能实现。如图 9-18 所示的人物图形，如果希望将其设置为如图 9-19 所示的填充效果，则可以通过下面的方法完成。

图 9-18 填充前

图 9-19 填充后

第一步，运行 Photoshop CC，单击工具栏下方的前景色色标，在打开的拾色器中设置需要的颜色，如图 9-20 所示。

图 9-20　选择合适的颜色

第二步，选择油漆桶工具，单击要填充颜色的图片，即可对图片完成填色操作，重复前面的设置颜色操作即可完成另一人物的填色，如图 9-21 和图 9-22 所示。

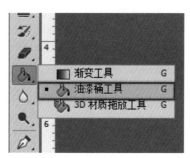

图 9-21　选择油漆桶工具

图 9-22　填充颜色

9.2　PNG 图片的获取

　　PNG 是目前非常流行的图像文件存储格式，具有 GIF 和 TIFF 格式的优点，同时又增加一些 GIF 文件格式所不具备的特性。PNG 用来存储灰度图像时，灰度图像的深度可多到 16 位，存储彩色图像时，彩色图像的深度可多到 48 位，其生成的文件不仅容量小，还可以为原图像定义 256 个透明层次，使得彩色图像的边缘能与任何背景平滑地融合，从而彻底地消除锯齿边缘，这种功能是 GIF 和 JPEG 没有的。下面我们来了解一下如何获取 PNG 格式的图片。

9.2.1　PS 简易抠图

　　这种方法可以将其他格式的图片通过 Photoshop 抠图的方法保存为 PNG 格式。不过这种方法不太适合背景复杂的图片，具体的步骤如下。

第一步，运行 Photoshop 软件，打开图像文件，然后选择"魔棒工具"，单击图片白色背景处，如图 9-23 所示。

图 9-23　使用"魔棒工具"选择背景区域

第二步，执行"选择"|"反向"命令，这样就可以选中人物区域，然后按快捷键 Ctrl+C 进行复制，如图 9-24 所示。

图 9-24　选择"反向"命令

第三步，按快捷键 Ctrl+N 新建文件，并选择"RGB 颜色模式"，背景设为"透明"，单击"确定"按钮，如图 9-25 所示。

第四步，按快捷键 Ctrl+V 在新建的文件中粘贴图片，按快捷键 Ctrl+S 保存，选择保存格式 PNG 格式，并保存至指定文件夹即可，如图 9-26 和图 9-27 所示。

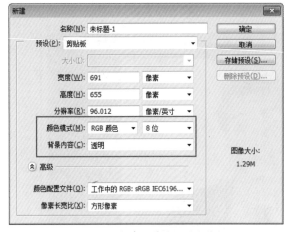

图 9-25　新建背景透明的文件

图 9-26　"粘贴"图片

图 9-27　"保存"文件

9.2.2　PSD 文件中提取

通常 PSD 文件都有多个图层，如果想要提取某一图层的图像，则可以按照下面的方法操作。

第一步，打开 PSD 文件，单击各个图层旁边的眼睛图标，仅显示要提取的图像所在的图层，并单击眼睛右侧的图层；按快捷键 Ctrl+A 全选图像，然后按快捷键 Ctrl+C 复制。

第二步，按快捷键 Ctrl+N 新建一个文件，然后按快捷键 Ctrl+V 将其粘贴，并按快捷键 Ctrl+S 将其保存为 PNG 格式的文件，如图 9-28 所示。

图 9-28　从 PSD 文件中提取图片

9.2.3　矢量素材（AI、EPS）中导出

对于一些矢量素材，如果想要提取其中的某一部分，则可以按照下面的方法操作。

第一步，使用 AI 软件打开矢量素材，选择需要导出的部分，按快捷键 Ctrl+C 复制。

第二步，按快捷键 Ctrl+N 新建一个文件，然后按快捷键 Ctrl+V 粘贴，如图 9-29 所示。

图 9-29　复制要导出的图片

第三步，执行"文件" |"导出"命令，导出文格式为 PNG 格式，如图 9-30 和图 9-31
所示。

图 9-30　选择导出命令

图 9-31　设置文件类型

第四步，单击"保存"按钮后，在"PNG 选项"对话框中设置背景色为透明色，单击"确定"按钮即可完成图片的提取，如图 9-32 所示。

图 9-32　设置 PNG 选项

9.2.4　网络关键词搜索

网络是一个大的聚宝盆，当你苦于找不到合适的 PNG 图像时，不妨通过网络搜索来碰碰运气，多半可以找到心仪的图像。

其实，搜索的方法很简单。以百度图片为例，只要在搜索框中输入"主题词 +PNG"即可，比如要搜索商务图片，可以在图片搜索框中输入"商务 +PNG"，然后单击"百度一下"即可找到有关商务的 PNG 图片，如图 9-33 所示。

另外，再给大家介绍一个特色的图标搜索网站，http://www.easyicon.net/，输入中文关键词之后，还可以直接译成英文进行搜索。在窗口左侧还可以根据颜色、热度、尺寸等进行筛选，如图 9-34 所示。

图 9-33　百度搜索图片

图 9-34　个性化搜索

9.3　可修改图形、图标的获取

对于 PowerPoint 软件中的图表、SmartArt 图形以及一些矢量素材，往往包含着若干形状，比如一个完整的饼图就是由若干扇形区域组成，一些 SmartArt 图形也是由若干的几何图形组成，那么能否只提取它们的部分图形呢？

9.3.1　图表中获取几何形状

我们举一个简单的例子，通过 PowerPoint 软件中的图表来获取半圆、1/4 圆和任意度数的扇形。

第一步，通过"插入 - 图表"选项，插入一幅"饼图"，并设置数据，使之呈现为左图形状，即包含半圆、1/4 圆和 30°、60°的扇形，如图 9-35 和图 9-36 所示。

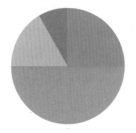

图 9-35　插入饼图

销售额	
第一季度	90
第二季度	180
第三季度	60
第四季度	30

图 9-36　编辑数据

第二步，选中该图表，按快捷键 Ctrl+C 进行复制，并进行选择性粘贴操作，粘贴格式为"图片（增强型图元文件）"，即 EMF 格式文件，如图 9-37 所示。

图 9-37　选择性粘贴

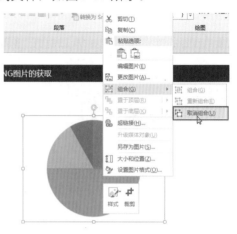

图 9-38　取消组合

第三步，单击右键，连续两次执行"取消组合"命令，即可得到相应的几何形状，如图 9-38 所示。

第四步，取消组合后，就可以单击拖动其中任一块区域了，如图 9-39 和图 9-40 所示。

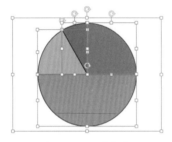

图 9-39　取消组合后

图 9-40　拖动分离图形

9.3.2　SmartArt 图形中获取几何形状

通过 SmartArt 图形获取几何形状更加简便，直接取消组合即可，具体如下。

通过"插入 -SmartArt"选项，插入一组图表，然后单击右键，连续两次执行"取消组合"命令，即可得到相应的几何形状，如图 9-41 和图 9-42 所示。

图 9-41　插入 SmartArt 图形

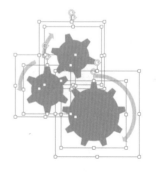

图 9-42　取消组合

另外，插入 SmartArt 图形后，先通过"设计 - 更改颜色"选项，变更 SmartArt 图表的颜色，再进行"取消组合"，得到的形状颜色保持不变，如图 9-43 和图 9-44 所示。

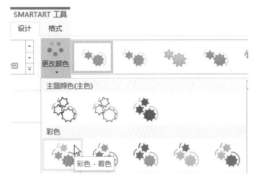

图 9-43   "更改颜色"设置

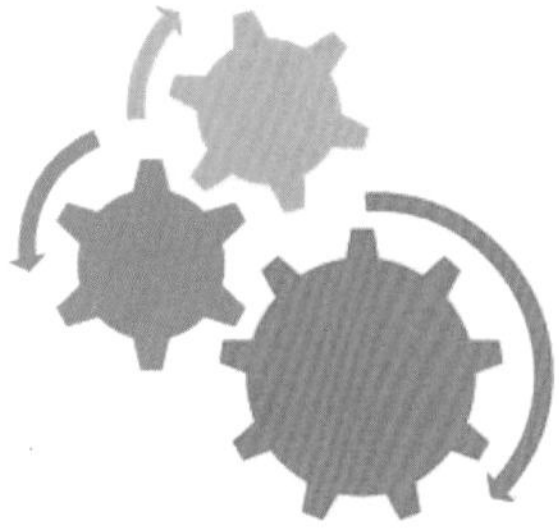

图 9-44   效果图

9.3.3   矢量素材中获取图形、图标或剪影

对于从网上下载的 EPS 格式的文件，若想从中获取部分图形，可以通过下面的两种方法实现。

一种是将下载好的矢量图标 EPS 格式的文件使用 Illustrator 导成 EMF 格式的文件，然后在 PPT 中插入并通过两次"取消组合"完成分离。

另外一种就是先通过 Illustrator 软件打开并进行复制，再在 PPT 中粘贴，通过执行两次"取消组合"完成分离。

对于分离后的图形，可以进行单独填色等操作，如图 9-45 和图 9-46 所示。

图 9-45   分离前

图 9-46   分离后填色效果

注：以上素材，可以通过网址 http://www.zcool.com.cn/gfx/ZMjk3NjQ0.html 下载。

9.3.4 将文字矢量化

当需要对文字进行一些特殊效果的处理，如图片填充、透明度、渐变颜色、任意拉伸等。就可以将文字进行矢量化的操作，这当然还要借助于第三方软件 Illustrator，具体方法如下。

第一步，运行 Illustrator 软件，新建文件并输入文字，然后单击右键，在弹出的快捷菜单中选择"创建轮廓"命令，如图 9-47 所示。

图 9-47　将文本创建为轮廓

第二步，将文件导出为 EMF 格式，然后复制到 PPT，并进行两次"取消组合"设置，即可完成文本的矢量化操作，对于分离后的文本，就可以进行单独的色彩填充等操作了，如图 9-48 所示。

文字矢量化

图 9-48　对矢量文本进行色彩填充后的效果